信息技术基础

（Windows 10 + Office 2016）

主　编　吴梨梨　郑宇星　黄燕妮
副主编　蔡　琳　陈秀枝　陈惜枝
　　　　王于哲　陈　冲　陈　竦

北京理工大学出版社
BEIJING INSTITUTE OF TECHNOLOGY PRESS

内 容 简 介

本书介绍了计算机基础知识、计算机系统、文字处理软件、电子表格软件、演示文稿软件、数字媒体技术、Internet、新一代信息技术等内容。本书通过对计算机基础知识的介绍，使学生了解计算机的起源与发展；通过对 Windows 10 操作系统的介绍，使学生重点学习办公软件的应用，培养学生应用计算机解决学习和工作中实际问题的能力；通过对 Internet 及其应用的介绍，培养学生的信息素养；通过对新一代信息技术的介绍，开阔学生的视野，为学生开创职业生涯奠定基础。

本书可作为高职院校信息技术基础课程的教材，也可作为学习信息技术人员的参考书。

图书在版编目（CIP）数据

信息技术基础：Windows 10 ＋ Office 2016 / 吴梨梨，郑宇星，黄燕妮主编． -- 北京：北京理工大学出版社，2022.7（2023.1重印）
ISBN 978 - 7 - 5763 - 1485 - 4

Ⅰ．①信… Ⅱ．①吴… ②郑… ③黄… Ⅲ．①Windows 操作系统 - 教材②办公自动化 - 应用软件 - 教材
Ⅳ．①TP316.7②TP317.1

中国版本图书馆 CIP 数据核字（2022）第 122016 号

出版发行 / 北京理工大学出版社有限责任公司
社　　址 / 北京市海淀区中关村南大街 5 号
邮　　编 / 100081
电　　话 / （010）68914775（总编室）
　　　　　（010）82562903（教材售后服务热线）
　　　　　（010）68944723（其他图书服务热线）
网　　址 / http：//www.bitpress.com.cn
经　　销 / 全国各地新华书店
印　　刷 / 三河市华骏印务包装有限公司
开　　本 / 787 毫米×1092 毫米　1/16
印　　张 / 11.25　　　　　　　　　　　　　　　　责任编辑 / 钟　博
字　　数 / 265 千字　　　　　　　　　　　　　　　文案编辑 / 钟　博
版　　次 / 2022 年 7 月第 1 版　2023 年 1 月第 2 次印刷　责任校对 / 周瑞红
定　　价 / 40.00 元　　　　　　　　　　　　　　　责任印制 / 施胜娟

图书出现印装质量问题，请拨打售后服务热线，本社负责调换

前　言

2021 年教育部公布了《高等职业教育专科信息技术课程标准》，在该标准中明确了高等职业教育专科信息技术课程是各专业学生必修或限定选修的公共基础课程。学生通过学习信息技术课程，能够增强信息意识、提升计算思维、促进数字化创新与发展能力、树立正确的信息社会价值观和责任感，为其职业发展、终身学习和服务社会奠定基础。

本书的目的是全面贯彻党的教育方针，落实立德树人根本任务，通过理实一体化教学，提升学生应用信息技术解决问题的综合能力，使学生成为德、智、体、美、劳全面发展的高素质技术技能人才。

本书具有如下特点。

1. 校企合作编写

本书在开发过程中与福建中软卓越科技有限公司合作，企业提供真实案例或操作任务的相关素材，并在完成编写后以企业用人需求、学生职业发展、反应新技术等角度对书稿进行审阅。

2. 课证融合，结构编排模块化、项目化、任务化

本书结合全国计算机一级等级考试（NCRE）考核内容，有机融入证书标准有关内容，以典型生产案例或典型工作过程作为主要载体，根据工作过程完整优先的原则编排组织架构，并兼顾基础理论知识的系统性与完整性，体现职业教育"以面向就业为出发点"的特色，同时充分考虑到学生适应产业与职业变化的需求，加强对知识迁移等方法和能力的培养。

3. 全面落实课程思政建设目标

本书着重体现立德树人的培养宗旨，通过有机融入、重点挖掘等方式，将新时代课程思政元素与专业知识内容有机结合，着力培养学生具有正确的世界观、价值观、人生观，激发学生立志成才、技术报国的热情，并逐步培养学生的敬业精神、劳动精神、劳模精神与工匠精神，提升学生的社会公德意识、安全意识、法律意识、环保意识、协作意识等。

本书介绍了计算机基础知识、计算机系统、文字处理软件、电子表格软件、演示文稿软件、数字媒体技术、Internet、新一代信息技术等内容。本书通过对计算机基础知识的介绍，使学生了解计算机的起源与发展；通过对 Windows 10 操作系统的介绍，使学生重点学习办公软件的应用，培养学生应用计算机解决学习和工作中实际问题的能力；通过对 Internet 及其应用的介绍，培养学生的信息素养；通过对新一代信息技术的介绍，开阔学生的视野，为学生开创职业生涯奠定基础。

由于编者的水平有限，书中难免存在不足，敬请读者批评指正。

编　者
2022 年 5 月

目　　录

项目一

认识计算机与信息社会

【学习目标】

- 了解计算机的起源、发展、分类与应用，了解计算思维及其特征、本质、方法；
- 熟悉现代信息技术的内容、特点及应用，熟悉信息的获取与处理方法；
- 掌握计算机中的数据表示及数制之间的转换。

任务一　认识计算机

●任务描述

计算机是现代一种用于高速计算的电子计算机器，在现代人们的生活、学习和工作中具有不可替代的作用。

在本任务中，需要了解计算机的发展历程、应用场合及特点。

步骤一　认识计算工具

1. 中国的计算工具

在原始社会，人类用结绳、垒石或枝条作为辅助计数和计算的工具。在我国，春秋时代就有用算筹计数的"筹算法"。公元 6 世纪左右，人们开始使用算盘作为计算工具，如图 1-1 所示。

图 1-1　算盘

算盘是中国传统的手动操作的计算工具，由算筹演变而来，在中国历史上存在了相当长的一段时间。算盘存在一个难以避免的缺陷：在计算过程中，小差错会引起大误差，而且这种错误在算盘的使用过程中极难排查。于是，人们期待改进的计算工具。

2. 国外的计算工具

（1）计算尺。1620—1630 年，在约翰·奈皮尔（John Napier）发表对数概念后不久，牛津的埃德蒙·甘特（Edmund Gunter）发明了一种使用单个对数刻度的计算工具，当该工具和另外的测量工具配合使用时，可以用来做乘、除法。1630 年，剑桥的威廉·奥特雷德（William Oughtred）发明了圆算尺，1632 年，他组合两把甘特式计算尺，用手合起来成为可以被视为现代计算尺的设备。1642 年，欧洲学者发明了对数计算尺。

（2）机械计算机。1642 年，法国数学家帕斯卡设计了一种机械计算机的装置，该计算机能够能完成简单的加法运算。1671 年，数学家莱布尼茨改进了帕斯卡计算机，使其能够完成乘法计算。1822 年，英国科学家巴贝奇制造出差分计算机，它能够完成简单的微积分计算。但是，机械计算机缺少存储器，无法保存数据，无法进行复杂函数的运算。

（3）通用问题处理机。机械计算机只能针对解决某个具体问题。英国科学家图灵和美国科学家香农使用同一套硬件，通过改变控制指令的序列解决不同的问题。

3. 第一台电子计算机——ENIAC

1946 年 2 月，第一台电子计算机——ENIAC 在美国的宾夕法尼亚大学问世，ENIAC 使用了18 000 个电子管和 86 000 个其他电子元器件，占地面积为 160 平方米，重达 30 吨，每秒能够完成加法运算 5 000 次，它的诞生揭开了计算机时代的序幕，从此开创了计算机发展的新时代。

美国数学家冯·诺依曼根据 ENIAC 提出了改进方案，科学家们研制出了人类历史上第一台具有存储程序功能的计算机——EDVAC。EDVAC 于 1952 年研制成功并投入使用，其运算速度是 ENIAC 的 240 倍。第一台"存储程序"控制的实验室计算机——EDSAC 于 1949 年 5 月在英国剑桥大学完成。第一台"存储程序"控制的商品化计算机——UNIVAC – I 于 1951 年问世。

步骤二 了解计算机的发展史

从 1946 年第一台电子计算机问世至今，按计算机所采用的电子器件来划分，计算机的发展共经历了 5 代。

（1）第一代——电子管计算机。1946—1956 年是电子管计算机时代。电子管计算机的主要逻辑元件是电子管，其运算速度仅为每秒几千次，程序设计语言采用机器语言和汇编语言，主要用于科学研究和工程计算。

（2）第二代——晶体管计算机。1956—1964 年是晶体管计算机时代。晶体管计算机的主要逻辑元件是晶体管，晶体管比电子管小得多，消耗能量较少，处理更迅速、更可靠。晶体管计算机的运算速度为每秒几十万次，出现了 ALGOL，FORTRAN 和 COBOL 等高级程序设计语言，主要用于数据处理。

（3）第三代——中小规模集成电路计算机。1964—1971 年是中小规模集成电路计算机时代。中小规模集成电路计算机的主要逻辑元件是中小规模集成电路，集成电路是做在晶片上的一个完整的电子电路，包含几千个晶体管元件，它的特点是体积更小、价格更低、可靠性更高，计算速度达每秒几十万次到几百万次。高级程序设计语言在这一时期得到了发展，出现了操作系统和会话式语言，逐渐开始应用于各个领域。

（4）第四代——大规模集成电路计算机。从 1971 年到现在是大规模集成电路计算机时代。大规模集成电路计算机的主要逻辑元件是大规模/超大规模集成电路。1975 年，美国 IBM 公司推出了个人计算机（Personal Computer，PC），其运算速度达到了每秒上亿次，甚至上千万亿次的数量级，操作系统不断完善，计算机开始深入人类生活的各个方面。

（5）第五代——新一代计算机。计算机最基本的元件是芯片，为此世界各国的研究人员正在加紧开发以量子计算机、分子计算机、生物计算机、超导计算机和光计算机等为代表的新一代计算机，但是目前尚没有真正意义上的新一代计算机问世。

步骤三 了解中国计算机的发展

（1）第一代电子管计算机（1958—1964 年）。1958 年 8 月，我国第一台电子数字计算机在中科院计算技术研究所研制成功，并开始少量生产，被命名为 103 型计算机（即 DJS - 1 型）。1960 年 4 月，夏培肃院士领导的科研小组研制成功通用电子数字计算机 107 机。1964 年，我国第一台自行设计的大型通用数字电子管计算机 119 机研制成功。

（2）第二代晶体管计算机（1965—1972 年）。1965 年，中国科学院计算技术研究所研制成功我国第一台大型晶体管计算机 109 乙机，于 1967 年研制成功 109 丙机。华北计算技术研究所先后研制成功 108 机、108 乙机（DJS - 6 型）、121 机（DJS - 21 型）和 320 机（DJS - 8 型），并在 738 厂等 5 家工厂生产。1965—1975 年，738 厂共生产 320 机等第二代产品 380 余台。中国人民解放军军事工程学院于 1965 年 2 月成功研制 441B 晶体管计算机并小批量生产了 40 多台。

（3）第三代中小规模集成电路计算机（1973 年—20 世纪 80 年代初）。1973 年，北京大学与北京有线电厂等单位合作研制成功运算速度为每秒 100 万次的大型通用计算机。1974 年，清华大学等单位研制成功 DJS - 130 小型计算机，之后又推出 DJS - 140 小型计算机，形成了 100 系列产品。与此同时，以华北计算技术研究所为主要基地，组织全国 57 个单位联合进行 DJS - 200 系列计算机设计，同时也设计开发 DJS - 180 系列超级小型计算机。20 世纪 70 年代后期，电子部三十二所和国防科技大学分别研制成功 655 机和 151 机，速度都在每秒百万次量级。20 世纪 80 年代，我国高速计算机，特别是向量计算机有新的发展。

（4）第四代超大规模集成电路计算机（20 世纪 80 年代至今）。20 世纪 80 年代初，我国开始采用 Z80，X86 和 6502 芯片研制微机。1983 年 12 月，电子部六所研制成功与 IBM PC 兼容的 DJS - 0520 微机。10 多年来我国微机产业走过了一段不平凡道路，以联想微机为代表的国产微机已占领一大半国内市场。

步骤四 了解计算机的应用场景

1. 科学计算

早期的计算机主要用于科学计算。目前，科学计算仍然是计算机应用的一个重要领域，如高能物理、工程设计、地震预测、气象预报、航天技术等。由于计算机具有高运算速度和精度以及逻辑判断能力，因此出现了计算力学、计算物理、计算化学、生物控制论等新的学科。

2. 过程检测与控制

利用计算机对工业生产过程中的某些信号自动进行检测，并把检测到的数据存入计算机，再根据需要对这些数据进行处理，这样的系统称为计算机检测系统。特别是仪器仪表引进计算机技术后所构成的智能化仪器仪表，将工业自动化推向了一个更高的水平。

3. 信息管理（数据处理）

信息管理是目前计算机应用最广泛的一个领域。可利用计算机来加工、管理与操作任何形式的数据资料，如企业管理、物资管理、报表统计、账目计算、信息情报检索等。近年来，国内许多机构纷纷建设自己的管理信息系统（MIS），生产企业也开始采用制造资源规划软件（MRP），商业流通领域则逐步使用电子信息交换系统（EDI），即进行所谓无纸贸易。

4. 计算机辅助系统

计算机辅助设计（CAD）是指利用计算机来帮助设计人员进行工程设计，以提高设计工作的自动化程度，节省人力和物力。目前，此技术已经在电路、机械、土木建筑、服装等设计中得到了广泛的应用。

计算机辅助制造（CAM）是指利用计算机进行生产设备的管理、控制与操作，从而提高产品质量，降低生产成本，缩短生产周期，并且可以大大改善制造人员的工作条件。

计算机辅助测试（CAT）是指利用计算机进行复杂而大量的测试工作。

计算机辅助教学（CAI）是指利用计算机帮助教师讲授和帮助学生学习的自动化系统，使学生能够轻松自如地从中学到所需要的知识。

步骤五　了解计算机的特点

计算机具有很强的生命力，并能飞速地发展，是因为计算机本身具有很多特点，具体体现在以下几个方面。

1. 运算速度快

计算机的运算部件采用电子元件，其运算速度远非其他计算工具所能比拟，而且运算速度还以每隔几个月提高一个数量级的速度快速发展。

2. 计算精度高

计算机的计算精度取决于计算机的字长，而非取决于它所用的电子元件的精确程度。计算机的计算精度在理论上不受限制，一般计算机的计算精度均能达到 15 位有效数字，经过技术处理可以满足任何精度要求。

3. 存储容量大

计算机的存储性是计算机区别于其他计算工具的重要特征。计算机的存储器可以把原始数据、中间结果、运算指令等存储起来，以备随时调用。计算机的存储器不但能够存储大量的信息，而且能够快速准确地存入或取出这些信息。

4. 具有逻辑判断能力

思维能力本质上是一种逻辑判断能力，也可以说是因果关系分析能力。借助逻辑运算，计算机可以做出逻辑判断，分析命题是否成立，并可根据命题成立与否采取相应的对策。

5. 工作自动化

计算机内部的操作运算是根据人们预先编制的程序自动控制执行的。只要把包含一连串指令的处理程序输入计算机，计算机便会依次取出指令，逐条执行，完成各种规定的操作，直到得出结果为止。

6. 通用性强

通用性是计算机能够应用于各种领域的基础。任何复杂的任务都可以分解为大量的基本算术运算的逻辑操作，计算机程序员可以把这些基本的运算和操作按照一定规则写成一系列操作指令，加上运算数据，形成程序就可以完成任务。

任务二 了解计算机中的数据表示

●任务描述

人们在日常生活中使用最广泛的数据表示方式是十进制，即用 0~9 来表示数字。计算机硬件只有两种状态，即开和关，因此计算机中的底层逻辑采用二进制，为了方便记忆，也可以采用八进制和十六进制。

在本任务中，需要了解计算机是如何表示数据、英文符号和汉字的。

步骤一 在计算机中表示数据

1. 进制

进位计数制，是指用进位的方法进行计数的数制，简称进制。在日常生活中，人们习惯用十进制来表示数据。在计算机中采用不同的数制表示数据。在计算机内所有的数据都是用二进制来表示的，但是在输出或显示时，人们仍习惯用十进制表示。在计算机编程中，有时还采用八进制和十六进制，这样就存在同一个数可用不同的数制表示及它们之间相互转换的方法问题。

数码：一组用来表示某种数制的符号，例如 1，2，3，A，B，C 等。

基数：数制所使用的数码个数称为"基数"或"基"，常用"*R*"表示，称为 *R* 进制。例如十进制的数码是 0，1，2，3，4，5，6，7，8，9，基数为 10。

位权：数码在不同位置上的权值称为位权。在进位计数制中，处于不同位置的数码代表的数值不同。

（1）十进制（Decimal System）由 0，1，2，3，4，5，6，7，8，9 这 10 个数码组成，也就是说它的基数是 10。十进制的特点是：逢十进一，借一当十。十进制各位的权是以 10 为底的幂。

（2）二进制（Binary System）由 0，1 这 2 个数码组成，也就是说它的基数是 2。二进制的特点是：逢二进一，借一当二。二进制各位的权是以 2 为底的幂。

（3）八进制（Octal System）由 0，1，2，3，4，5，6，7 这 8 个数码组成，也就是说它的基数是 8。八进制的特点是：逢八进一，借一当八。八进制各位的权是以 8 为底的幂。

（4）十六进制（Hexadecimal System）由 0，1，2，3，4，5，6，7，8，9，A，B，C，

D，E，F 这 16 个数码组成，也就是说它的基数是 16。十六进制的特点是：逢十六进一，借一当十六。十六进制各位的权是以 16 为底的幂。

进制及其表示见表 1-1。

表 1-1　进制及其表示

进制	数码	特点	表示方法示例
十进制	0，1，2，3，4，5，6，7，8，9	逢十进一，借一当十	1234，1234D，$(1234)_{10}$
二进制	0，1	逢二进一，借一当二	1010B，$(10001)_2$
八进制	0，1，2，3，4，5，6，7	逢八进一，借一当八	521O，$(520)_8$
十六进制	0，1，2，3，4，5，6，7，8，9，A，B，C，D，E，F	逢十六进一，借一当十六	520H，$(25B)_{16}$

2. 进制转换

（1）二进制数、八进制数、十六进制数转换为十进制数采用按权展开法。

把二进制数、八进制数、十六进制数按位权形式展开成多项式和的形式，求其最后的和，就是其对应的十进制数。

【例 1-1】 将二进制数 11010101 转换成对应的十进制数。

解： 将二进制数 11010101 转换为十进制的过程为

$(11010101)_2$

$= 1 \times 2^7 + 1 \times 2^6 + 1 \times 2^4 + 1 \times 2^2 + 1 \times 2^0$

$= 128 + 64 + 16 + 4 + 1$

$= 213$

（2）十进制数转换为二进制数、八进制数、十六进制数的方法：整数部分除 R 取余，整数部分乘 R 取整。

十进制数转换为二进制数、八进制数、十六进制数，整数部分通常采用除 R 取余法，即用 R 连续除十进制数，直到商为 0，逆序排列余数即可得到；小数部分通常采用乘 R 取整法，即连续乘 R，直到小数部分为 0 为止。

【例 1-2】 将十进制数 25.25 转换成对应的二进制数。

解： 将十进制数 25.25 转换成二进制数分为整数部分的转换和小数部分的转换。整数部分的转换为

```
2 | 25      …… 1
2 | 12      …… 0
2 | 6       …… 0
2 | 3       …… 1
2 | 1       …… 1
    0
```

小数部分的转换为

$$
\begin{array}{r}
0.25 \\
\times \quad 2 \\
\hline
0.5 \quad \cdots\cdots 0 \\
\times \quad 2 \\
\hline
1 \quad \cdots\cdots 1
\end{array}
$$

转换结果为 11001.01.

（3）二进制数与八进制数之间的转换。

二进制数转换为八进制数采用取三合一法，即以二进制数的小数点为分界点，向左（向右）每三位取成一位，接着将这三位二进制数按权相加，得到的数就是一位八位二进制数，然后，按顺序进行排列，小数点的位置不变，得到的数字就是所求的八进制数。

【例1-3】将二进制数 100110111 转换为八进制数。

解： $(100110111)_2 = (\underline{100}\ \underline{110}\ \underline{111})_2 = (467)_8$

如果向左（向右）取三位后，取到最高（最低）位的时候无法凑足三位，可以在小数点最左边（最右边），即整数的最高位（最低位）添0，凑足三位。

【例1-4】将二进制数 10001011 转换为八进制数。

解： $(10001011)_2 = (\underline{010}\ \underline{001}\ \underline{011})_2 = (213)_8$

八进制数转换为二进制数采用取一分三法，即将一位八进制数分解成三位二进制数，将三位二进制数按权相加去凑八进制数，小数点位置照旧。

【例1-5】将八进制数 523.11 转换为二进制数。

解： $(223.4)_8 = (010010011.100)_2 = (10010011.1)_2$

（4）二进制数与十六进制数之间的转换。

二进制数转换为十六进制数的方法与二进制数转换为八进制数相似，只不过是一位（十六）与四位（二进制）的转换。

【例1-6】将二进制数 10011011.01 转换为十六进制数。

解： $(10011011.01)_2 = (\underline{1001}\ \underline{1101}.\ \underline{0100})_2 = (9D.4)_{16}$

十六进制数转换为二进制数采用取一分四法，即将一位十六进制数分解成四位二进制数，用四位二进制按权相加去凑十六进制数，小数点位置照旧。

【例1-7】将十六进制数 F42A 转换为二进制数。

解： $(F42A.C)_{16} = (1111010000101010.1100)_2 = (1111010000101010.11)_2$

步骤二 在计算机中表示英文符号

英文符号包括大、小写英文字母，英文标点符号，特殊符号以及作为符号使用的数字。英文符号在计算机内的编码在国际上一般采用美国信息交换标准代码（American Standard Code of Information Interchange，ASCII）。ASCII 码是由美国国家标准学会（American National Standard Institute，ANSI）制定的标准的单字节字符编码方案，用于基于文本的数据。这种编码方法规定一个英文符号在计算机内部用 7 位指定的二进制代码串表示，比如大写字母"A"规定用"1000001"表示，实际存储时一个英文符号的二进制编码是 8 位（1 个字节），最高（左）位为0。

ASCII 码规定了 0~9 共 10 个数码，52 个大、小写英文字母，32 个通用符号，34 个动作控制符共 128 个英文符号的二进制编码，这 128 个英文符号的二进制编码对应的十进制数范围是 0~127。计算机对英文符号进行排序，即按照 ASCII 码值大小进行比较。按 ASCII 码值比较，数码符号小于大写英文字母，大写英文字母小于小写英文字母。英文字母按字母表中的顺序排列，ASCII 码值为由小到大。

ASCII 码中的数码只作符号使用，非数值，其二进制编码是指定的，不是用数制转换规则转换得到的。

步骤三　在计算机中表示汉字

计算机中汉字信息的表示最早出现在 IBM、富士通、日立等计算机生产厂家的计算机中，各厂家采用的编码形式并不相同。为了通用性，国际标准组织（ISO）、国际电子电气工程师协会（IEEE）以及各个使用汉字的国家和地区，在计算机技术的发展过程中，制定了各种各样的汉字编码规则。

ISO 2022，全称为 ISO/IEC 2022，是一个由国际标准化组织及国际电工委员会（IEC）联合制定，使用 7 位编码表示汉语文字、日语文字或朝鲜文字的方法。在 ISO/IEC 2022 的基础上，中国国家标准总局在 1980 年发布了《信息交换用汉字编码字符集》，标准号是 GB 2312—1980，简称 GB2312。GB2312 给出了汉字字符编码的国家标准，其基本字符集收入一级汉字 3 755 个、二级汉字 3 008 个共 6 763 个汉字，还有 682 个非汉字图形字符。整个字符集分成 94 个区，用 1~94 进行编号，称为区号；每区有 94 个位，用 1~94 编号，称为位号。每个区每位上只有一个汉字字符，因此可用区号和位号来对汉字字符进行编码，称为区位码。把换算成十六进制的区位码加上 2020H，得到国标码，国标码加上 8080H，就得到常用的计算机机内码。

GB2312 于 1981 年 5 月 1 日开始实施。GB 2312 基本满足了汉字的计算机处理需要，它所收录的汉字已经覆盖中国大陆 99.75% 的使用频率。

在使用 GB2312 的程序中，为了便于兼容 ASCII 码，每个汉字字符在计算机内的表示用两个字节来存储，第一个字节称为"高位字节"（也称为"区字节"），第二个字节称为"低位字节"（也称为"位字节"），每个字节的最高位为 1。

1995 年我国又颁布了《汉字编码扩展规范》（GBK）。GBK 与 GB 2312 所对应的内码标准兼容，同时在字汇一级支持 ISO/IEC10646—1 和 GB 13000—1 的全部中、日、韩（CJK）汉字，共计 20 902 字。

步骤四　认识计算机中数据的单位

计算机中数据的单位有位和字节。

（1）位简记为 b，也称为比特（bit），是计算机存储数据的最小单位。一个二进制位只能表示 0 或 1，要想表示更大的数，就要把更多的位组合起来。

（2）字节来自英文 Byte，简记为 B。规定 8bit＝1B。字节是存储信息的基本单位。微型计算机存储器是由一个个存储单元构成的，每个存储单元的大小就是一个字节，所以存储容量大小也以字节数来度量。常用到的其他度量单位有 KB，MB，GB，TB，PB，其换算关系为：

$1\ KB = 2^{10}B$；

$1\ MB = 2^{10}KB = 2^{20}B$；

$1\ GB = 2^{10}MB = 2^{30}B$；

$1\ TB = 2^{10}GB = 2^{40}B$；

$1\ PB = 2^{10}TB = 2^{50}B$。

课后练习

（1）说一说计算机在超市购物、图书馆借书、网络直播、自主学习等场景中的应用。

（2）请你设计一款未来计算机，根据你的设想，说一说你认为未来计算机的外观、功能、特点。

（3）将十进制数534.01分别转换为二进制数、八进制数和十六进制数。

（4）将二进制数10001110.01分别转换为十进制数、八进制数和十六进制数。

项目二

认识计算机系统

【学习目标】
- 了解计算机的工作原理；
- 熟悉 Windows 10 操作系统的基本操作；
- 掌握计算机硬件系统和软件系统；
- 能够操作 Windows 10 操作系统的控制面板。

任务一 认识计算机硬件系统

●任务描述

计算机系统由硬件系统和软件系统组成，如图 2-1 所示。

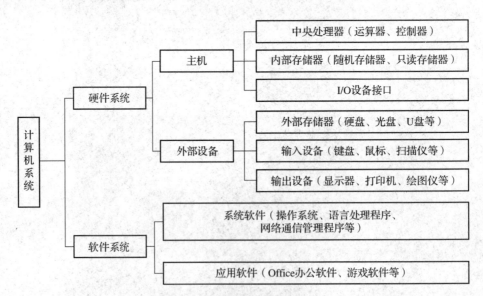

图 2-1 计算机系统的组成

计算机硬件系统借助电、磁、光、机械等原理构成的各种物理部件，是计算机系统工作的实体。目前我们所使用的计算机均采用冯·诺依曼体系结构，该结构包括运算器、控制器、存储器、输入设备和输出设备 5 个组成部分。

步骤一 认识中央处理器

中央处理器（Central Processing Unit, CPU）如图 2-2 所示，它包括运算器和控制器，是一台计算机的运算核心和控制核心，其主要功能是解释计算机指令以及处理计算机软件中的数据。

CPU 的技术指标包括主频、字长、外频、倍频系数、总线频率、缓存大小。

（1）主频：也叫时钟频率，单位是兆赫（MHz）或千兆赫（GHz），表示在 CPU 内数字脉冲信号振荡的速度，即 CPU 内核工作的时钟频率。通常，主频越高，CPU 处理数据的速度越快。

图 2-2　CPU

（2）字长：指 CPU 一次处理的二进制数的位数，一般有 32 位、64 位。字长决定运算精度；同时，字长越大，意味着在同样的时间内计算机可以处理的数据量越多，速度越快。

（3）外频：是 CPU 与主板之间同步运行的速度，单位是兆赫（MHz）。CPU 的外频决定了整块主板的运行速度。

（4）倍频系数：指 CPU 的主频与外频的相对比例关系。在相同的外频下，倍频系数越大，CPU 的主频越高。

（5）总线频率：数据传输的速度，即 CPU 与内存数据交换的速度。

（6）缓存大小：CPU 中的缓存是一个数据存储的缓冲区，它的运行一般和处理器同频，工作效率远远高于系统内存和硬盘。实际工作时，CPU 往往需要重复读取同样的数据块，而缓存容量的增大，可以大幅度提升 CPU 内部读取数据的命中率，而不用再到内存或者硬盘中寻找，可以提高系统性能。

> 主频和实际的运算速度存在一定的关系，但并不是一个简单的线性关系。CPU 的运算速度还要看 CPU 的流水线、总线等各方面的性能指标。

步骤二　认识存储器

存储器是计算机中用于存放程序和数据的部件，并能在计算机运行过程中高速、自动地完成程序或数据的存放。存储器分为内部存储器（简称"内存"）和外部存储器（简称"外存"），内存又称为主存储器，外存又称为辅助存储器。

1. 内存

内存是 CPU 可以直接访问的存储器，是计算机中的工作存储器，当前正在运行的程序与数据都必须存放在内存中。内存分为只读存储器（Read Only Memory，ROM）、随机存储器（Random Access Memory，RAM）和高速缓存（Cache）。

（1）ROM 中的数据或程序一般是在将 ROM 装入计算机前事先写好的。一般计算机工作过程中只能从 ROM 中读出事先存储的数据，而不能改写。ROM 常用于存放固定的程序和数据，并且断电后仍然长期保存。ROM 的容量较小，一般存放系统的基本输入/输出系统（BIOS）等。

（2）RAM 如图 2-3 所示，其容量比 ROM 大，CPU 从 RAM 中既可读出信息也可写入信息，但断电后所存的信息就会丢失。

图 2-3　RAM

（3）随着 CPU 主频的不断提高，CPU 对 RAM 的存储速度加快了，而 RAM 的响应速度相对较慢，造成了 CPU 等待，降低了 CPU 的处理速度，浪费了 CPU 的能力。为了协调二者之间的速度差，在内存和 CPU 之间设置一个与 CPU 速度接近、高速的、容量相对较小的存储器，把正在执行的指令地址附近的一部分指令或数据从内存调入这个存储器，供 CPU 在一段时间内使用。这对提高程序的运行速度有很大的作用。这个介于内存和 CPU 之间的高速小容量存储器即 Cache，一般简称为缓存。

2. 外存

外存是主机的内部设备，存储速度比内存慢得多，用来存储大量的暂时不参加运算或处理的数据和程序，存储容量大、可靠性高、价格低，断电后可以永久保存信息。CPU 不可以直接访问外存数据。

常用的外存有硬盘、光盘和 U 盘。

（1）硬盘是计算机的主要存储器，分为机械硬盘和固态硬盘。

机械硬盘的主要技术指标有存储容量和转速。硬盘存储容量＝单张圆盘片容量×圆盘片数。硬盘容量越大越好。转速指硬盘圆片在主轴带动下每分钟的旋转速度。转速越大，硬盘的数据传输速率越高，但转速过大，会使硬盘发热量增加，影响硬盘工作的稳定性。因此，在技术成熟的情况下，硬盘的转速越大越好。

> 机械硬盘及其驱动器如图 2-4 所示。硬盘驱动器既属于输入设备，也属于输出设备。

图 2-4　机械硬盘及其驱动器

固态硬盘（简称 SSD）是用固态电子存储芯片阵列制成的硬盘，由控制单元、存储单元、缓存单元组成。固态硬盘使用 Flash 作为存储介质，数据的读取/写入通过控制器进行寻址，不需要机械操作，具有优秀的随机访问能力。

固态硬盘的主体是一块印制电路板（Printed Circuit Board，PCB），控制芯片、存储芯片和缓存芯片通过电路连接而分布在 PCB 上。因为固态硬盘没有机械结构，因此它的外观可以被制作成多种模样。目前常见的形态有 U. 2，M. 2，SATA 等，如图 2-5 所示。

图 2-5　M. 2 固态硬盘

（2）光盘是以光信息作为存储载体的一种计算机辅助存储器，可以存放各种文字、声音、图形、图像和动画等多媒体数字信息，如图 2-6 所示。对光盘上信息的读/写需要通过光盘驱动器（简称"光驱"）完成，如图 2-7 所示。光驱利用激光原理对光盘的信息进行读/写。光盘分不可擦写光盘（如 CD-ROM，DVD-ROM 等）和可擦写光盘（如 CD-RW，DVD-RAM 等）。

光驱的主要技术指标是倍速。倍速指光驱的数据传输速度。在制定 CD-ROM 标准时，把 150 KB/s 的传输速率定为标准，后来光驱的传输速率越来越高，就出现了倍速、4 倍速直至现在的 24 倍速、32 倍速或者更高倍速，32 倍速 CD-ROM 驱动器理论上的传输速率是 4 800 KB/s。

图 2-6　光盘　　　　　　　　　　　图 2-7　光驱

（3）U 盘（USB 闪存驱动器，USB Flash Drive）如图 2-8 所示，它通过 USB 接口与计算机连接，无须物理驱动器的微型高容量移动存储产品，可实现即插即用。

步骤三　认识输入设备

输入设备接收用户输入的各种数据、程序或指令，然后将它

图 2-8　U 盘

们经设备接口传送到计算机的存储器中。常见的输入设备有键盘、鼠标、扫描仪、摄像头、数码相机、话筒等。

1. 键盘

键盘是最常用，也是最主要的输入设备，如图 2-9 所示。通过敲击键盘的按键可以将英文字母、数字、标点符号等输入计算机，从而向计算机发出指令、输入数据等。标准键盘一般有 101 个按键或 104 个按键。键盘上的按键布局是按人类的英文使用习惯和按键功能进行设计的，分为多个区，一般有主键盘区、功能键区、编辑键区、辅助键区（也称为数字键区）。键盘按键的敲击需按一定的指法进行。

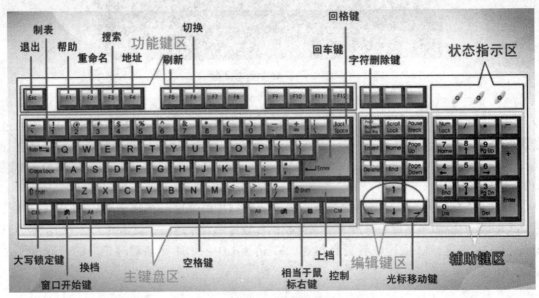

图 2-9　键盘

2. 鼠标

鼠标是一种很常用的输入设备，如图 2-10 所示。用户可以通过移动鼠标对当前屏幕上的鼠标光标进行定位，并通过鼠标上的按键和滑轮对鼠标光标所经过位置的屏幕元素进行操作。鼠标按工作原理的不同可分为机械鼠标和光电鼠标。

鼠标有移动、单击、双击和拖动 4 种基本操作。

图 2-10　鼠标

步骤四　认识输出设备

输出设备将主存储器中的信息或程序运行结果传送到计算机外部，供给用户查看。常见的输出设备有显示器、打印机、绘图仪、音箱等。

1. 显示器

显示器通常也称为监视器，它可以将人们通过输入设备输入主存储器中的信息或经过计算机处理的结果显示在屏幕上。

计算机的显示器按成像原理分为 CRT 显示器（阴极射线管显示器）和 LCD（液晶显示器）两大类，如图 2-11 所示。CRT 显示器分辨率高，色彩丰富，技术成熟，使用寿命长，但是体积大，耗电多，辐射大，已逐渐被淘汰。LCD 体积小，质量小，图像清晰，成像稳定，辐射小，是主流显示器。

显示器的主要技术指标有分辨率和色彩深度。

（1）分辨率指单位距离显示像素的数量，单位为像素/英寸①（Pixels Per Inch，PPI）。在屏幕尺寸一样的情况下，分辨率越高，显示效果越精细。

（2）色彩深度是指显示器最多支持的颜色种数。色彩深度一般是用"位"来描述。显示器的色彩深度一般有 16 位、24 位。色彩深度位数越高，颜色就越多，显示器所显示的画面色彩就越逼真。但是颜色深度增加时，它也加大了图形加速卡所要处理的数据量。

（a）　　　　　　　　　　　　　　（b）

图 2-11　显示器
（a）CRT 显示器；（b）LCD

2. 打印机

打印机是计算机的输出设备之一，用于将计算机的处理结果打印在纸张介质上。打印机按工作方式分为针式打印机、喷墨打印机、激光打印机，如图 2-12 所示。

（1）针式打印机通过打印机针头和纸张的物理接触来打印字符图形，它噪声大，速度慢，质量差，现在已逐渐被淘汰，只在银行、超市等用于票单打印的场合使用。

（2）喷墨打印机将字符或图形分解为点阵，用打印头上许多精细的喷嘴直接将墨水喷射到打印纸上。它价格较低，打印时噪声小，打印的质量接近激光打印机，但打印耗材价格高，是中低端市场的主流。

---

①　1 英寸 = 0.025 4 米。

（3）激光打印机利用激光扫描技术将计算机输出的字符、图形转换为点阵信息，再利用类似静电复印原理的电子照相技术将墨粉中的树脂融化并固定在打印纸上，它打印噪声小，打印质量高，速度快，但设备价格高，在中高端市场使用较多。

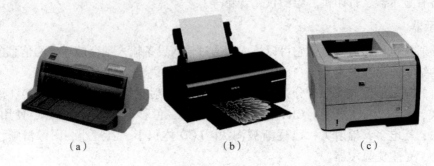

图 2 - 12 打印机
(a) 针式打印机；(b) 喷墨打印机；(c) 激光打印机

任务二 使用 Windows 操作系统

●**任务描述**

仅由硬件组成、没有安装任何软件的计算机被称为"裸机"。"裸机"安装所需的软件后才能工作，这时才构成一个完整的计算机系统。

计算机软件是指计算机系统中的程序及数据文件。软件是用户与硬件之间的接口。用户主要通过软件与计算机进行交流。

操作系统（Operating System，OS）是最基本的系统软件，用来管理计算机软、硬件资源，控制和协调并发活动，实现信息的存储和保护，为用户提供使用计算机的便捷形式。它是计算机系统的核心，任何软件都必须在操作系统的支持下才能运行。

在 Windows 操作系统下，同学们需要能够管理文件和文件夹，能够查看控制面板的各种功能并对其进行设置。

步骤一 启动 Windows 10 操作系统

打开电源后，根据用户的不同设置，可以直接登录桌面完成启动。启动 Windows 10 操作系统后看到的界面称为桌面（Desktop），即屏幕工作区，包括图标、桌面背景、任务栏等组成元素，如图 2 - 13 所示。

（1）图标是桌面上排列的代表某一特定对象的图形符号，由图形、说明文字两部分组成，具有直观、形象的特点。通过双击图标就可以打开相应的文档或运行相应的程序等。常见操作有图标的创建和删除、快捷方式的设置等。

（2）桌面底部长条形区域称为"任务栏"。任务栏可以分为"开始"菜单按钮、快速启动工具栏、窗口按钮任务栏、通知区域和显示桌面按钮等部分。

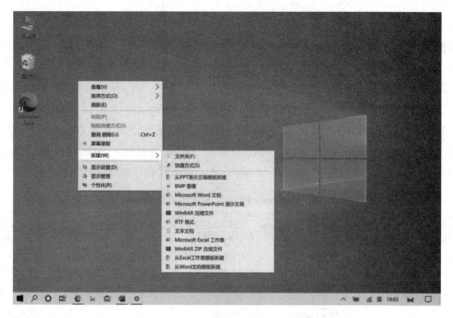

图 2 - 13　Windows 10 操作系统桌面

步骤二　管理文件和文件夹

Windows 10 是一个面向对象的文件管理系统，它可把所有的软、硬件资源按照文件或文件夹的形式来表示，管理文件和文件夹就是管理整个计算机系统，通常可以通过 Windows 10 操作系统的"此电脑"或"文件资源管理器"对计算机进行统一的管理和操作。

"此电脑"或"文件资源管理器"可以帮助用户进行导航，使用户更轻松地管理文件和文件夹。"此电脑"窗口组成如图 2 - 14 所示。

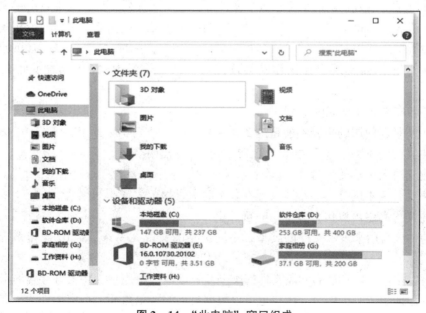

图 2 - 14　"此电脑"窗口组成

1. 文件

计算机文件是存储在存储介质中的指令或数据的集合，是计算机系统中最小的数据构成单位。Windows 10 操作系统的基本存储单位、用户使用和创建的文档都是文件。

文件可以存放文本、声音、图像、视频和数据等信息，可以从一个磁盘复制到另一个磁盘或者从一台计算机复制到另一台计算机。

文件管理是 Windows 10 操作系统中基本的操作，主要是针对文件和文件夹的基本操作，包括选择、新建、重命名、查看属性、移动与复制、删除与还原、隐藏与查找、共享、压缩等。在操作过程中可以使用组合键，在 Windows 10 操作系统中的常用组合键见表 2 – 1。

表 2 – 1　Windows 10 操作系统中的常用组合键

组合键	作用	组合键	作用
Ctrl + C	复制	Ctrl + Alt + A	截屏
Ctrl + X	剪切	Ctrl + Shift	切换输入法
Ctrl + V	粘贴	Ctrl + Alt + Del	启动任务管理器
Ctrl + F	查找	Alt + tab	在打开的项目之间切换
Ctrl + Z	撤销	Shift + Del	永久删除
Ctrl + S	保存	Shift + Space	半/全角切换

文件在磁盘中有固定的位置，用户和应用程序要写文件时必须提供文件的路径，路径一般由存放文件的磁盘驱动名、文件夹名序列和文件名组成。文件名具有唯一性，同一个磁盘的同一个目录下不允许有重复的文件名。

在计算机系统中为了识别文件，每个文件都有一个文件名。整个文件名由主文件名和扩展名两部分组成，中间用 "." 分隔。主文件名由用户取，一般与文件的内容相关，扩展名表示文件的类型，有些文件名的扩展名可以省略。例如，文件名 "readme. txt" 的主文件名为 "readme"，表示需要用户在操作前阅读此文件，扩展名为 "txt"，表示此文件是文本文件。

主文件名应遵守以下规则。

（1）主文件名使用的字符不能超过 255 个。

（2）主文件名中除了开头之外，任何地方都可以使用空格。

（3）主文件名中不能包含 "\，/，:，*，?，"（英文右引号），<，>，|" 等符号。

（4）主文件名不区分大、小写，但在显示时可以保留大、小写格式。

（5）主文件名中可以包含多个间隔符。

文件的扩展名用来表示文件的类型，不同类型的文件在 Windows 10 操作系统中对应不同的文件图标。

用户可以根据文件扩展名判断文件的类型。一般情况下用户在将文件存盘时应用程序会自动给文件添加相应的扩展名，用户也可以根据自己的特定需要，选定文件的扩展名。

2. 文件夹

Windows 10 操作系统中的文件夹是容器,用于存放程序文档、快捷方式和其他文件夹。文件夹中的文件夹称为子文件夹。文件夹被打开时以窗口的形式呈现其中的内容,用户可以将自己的文件或文件夹存放在其中。

步骤三 打开控制面板

控制面板是 Windows 10 操作系统的控制中心,它集桌面外观设置、硬件设置、用户账户以及程序管理等功能于一体,是控制计算机运行的重要窗口。

在"开始"菜单中选择"Windows 系统"→"控制面板"选项,即可打开控制面板。允许用户查看和设置系统状态,比如添加/删除软件,控制用户账户,更改辅助功能选项,安装新的软件和硬件,改变屏幕颜色,改变软、硬件的设置,安装网络或更改网络设置等。

控制面板有类别、大图标和小图标 3 种查看方式,如图 2-15 所示。

(a)

(b)

图 2-15 控制面板

(a)类别;(b)大图标

(c)

图2-15 控制面板（续）

(c) 小图标

可以通过搜索快速查找程序，在控制面板右上角的搜索框中输入关键词（如"用户"），即可显示相应的搜索结果。

步骤四 查看网络和 Internet

在"控制面板"窗口中单击"网络和 Internet"超链接，可打开"网络和 Internet"窗口，如图2-16所示。

图2-16 "网络和 Internet"窗口

单击"网络和共享中心"超链接，进入"查看基本网络信息并设置连接"窗口，如图2-17所示。

1. 查看当前网络连接

单击左侧的"更改适配器设置"超链接会显示计算机系统中当前可用的网络连接，如图2-18所示。

图 2 – 17 "查看基本网络信息并设置连接"窗口

图 2 – 18 当前可用的网络连接

2. 创建新的网络连接

（1）单击"更改网络设置"区域的"设置新的连接或网络"超链接，打开"设置连接或网络"对话框，如图 2 – 19 所示。

图 2 – 19 "设置连接或网络"对话框

（2）选择"连接到 Internet"选项，单击"下一步"按钮，打开图 2-20 所示的界面。

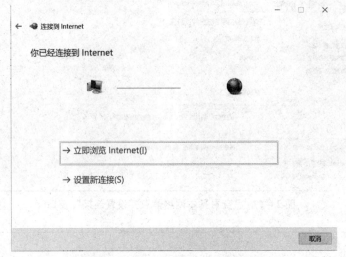

图 2-20　"连接到 Internet"界面

（3）选择"设置新连接"选项，显示可以创建的网络连接的种类，如图 2-21 所示。

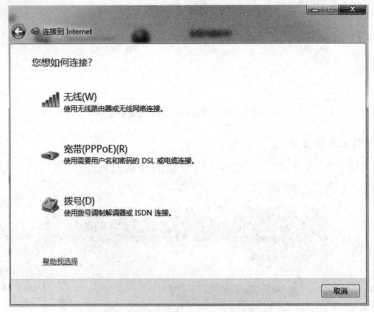

图 2-21　可以创建的网络连接种类

①创建无线连接：在任务栏的任务通知区，单击搜索到的无线连接，按步骤输入密码，即可通过此无线连接上网。

②创建宽带连接：在图 2-21 所示界面中选择"宽带"选项，按提示输入 Internet 服务商提供的用户名和密码后，即可创建宽带连接。

步骤五　查看程序

在控制面板中单击"程序和功能"图标，打开"程序和功能"窗口，如图 2-22 所示。

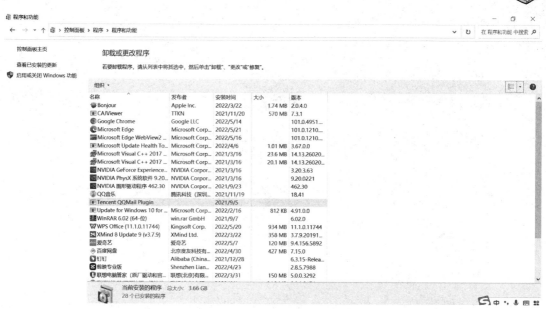

图2-22 "程序和功能"窗口

选择某个程序，程序列表上方会出现"卸载""更改""修复"按钮，如图2-23所示，可单击按钮对程序进行卸载、更改或修复。

图2-23 程序操作

步骤六 设置账户登录密码

用户在使用计算机时，可以设置账户登录密码，以防止他人在未经自己同意的情况下进入计算机，避免信息泄露或文件被篡改。设置账户登录密码的具体操作如下。

（1）在控制面板中单击"用户账户"图标，打开"用户账户"窗口，如图2-24所示。

图2-24 "用户账户"窗口

（2）单击"在电脑设置中更改我的账户信息"超链接，打开"账户信息"窗口，如图 2－25 所示。

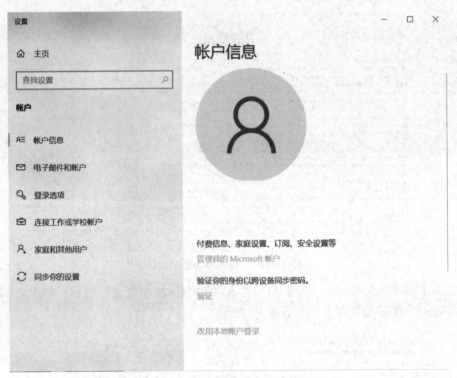

图 2－25 "账户信息"窗口

（3）在左侧选择"登录选项"选项，打开"登录选项"窗口，如图 2－26 所示。

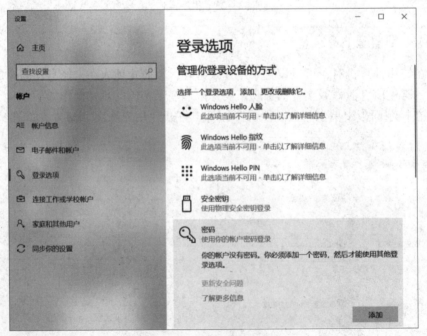

图 2－26 "登录选项"窗口

（4）单击展开"密码"选项，在展开的内容中单击"添加"按钮，弹出"创建密码"对话框，如图 2 - 27 所示。

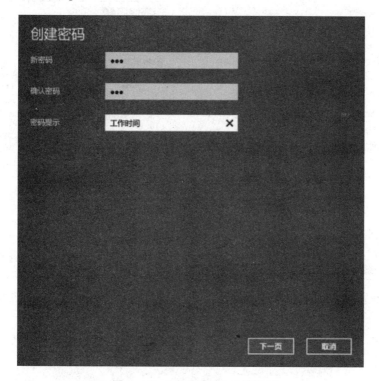

图 2 - 27 "创建密码"对话框

（5）在"新密码"和"确认密码"文本框中输入相同的密码，在"密码提示"文本框中酌情填写信息，单击"下一步"按钮。在打开的对话框中单击"完成"按钮，完成登录密码设置。此时，"设置"窗口中"密码"选项的"添加"按钮将显示为"更改"按钮，单击该按钮可更改密码。

步骤七 设置系统日期和时间

用户可以自定义系统日期和时间，也可以设置与系统所在区域互联网同步的时间，具体操作如下。

（1）在控制面板中单击"日期和时间"图标，弹出"日期和时间"对话框，如图 2 - 28 所示。

（2）单击"更改日期和时间"按钮，弹出"日期和时间设置"对话框，如图 2 - 29 所示。

（3）设置日期和时间后，单击"确定"按钮，返回"日期和时间"对话框。

（4）切换到"附加时钟 Internet 时间"选项卡，单击"更改设置"按钮，弹出"Internet 时间设置"对话框，如图 2 - 30 所示。

（5）勾选"与 Internet 时间服务器同步"复选框，单击"立即更新"按钮，然后单击"确定"按钮，完成设置。

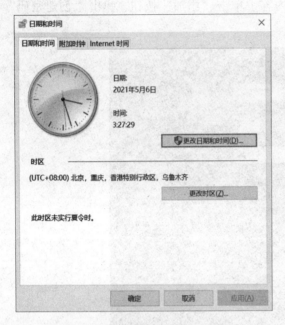

图 2-28 "日期和时间"对话框

图 2-29 "日期和时间设置"对话框

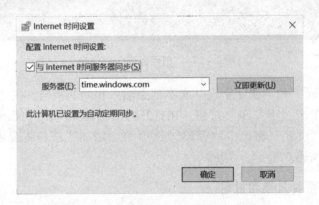

图 2-30 "日期和时间设置"对话框

步骤八 安装应用程序

在计算机上安装应用程序，应先获取该应用程序的安装程序，其文件扩展名一般为". exe"。用户可以在网络上免费下载，也可以在线购买。准备好应用程序的安装程序后，便可以安装应用程序了。

安装后的应用程序将会显示在"开始"菜单列表框中，部分应用程序还会自动在桌面上创建快捷方式图标。

打印机是用户经常使用的设备之一，现在打印机与计算机之间的连接大都采用 USB 接口，因此打印机与计算机的连接很简单。要使用打印机，首先要在计算机中安装打印机的驱动程序，其安装方法与一般应用程序相同，然后连接打印机。

成功连接打印机后，在控制面板中单击"设备和打印机"图标，弹出"设备和打印机"窗口，如图2-31所示。

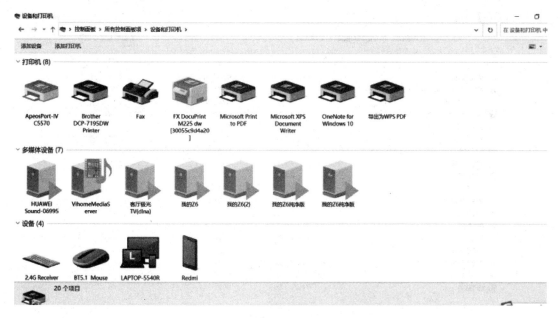

图2-31 "设备和打印机"窗口

选中打印机，单击鼠标右键，在弹出的快捷菜单中选择相应命令即可对打印机进行管理，如图2-32所示。

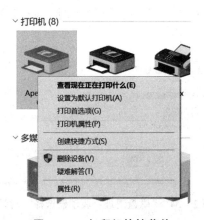

图2-32 打印机快捷菜单

步骤九 清理磁盘及磁盘碎片

1. 清理磁盘

用户在使用计算机的过程中会产生一些垃圾文件和临时文件，这些文件会占用磁盘空间，让系统的运行速度变慢，因此需要定期清理磁盘。下面对C盘中已下载的程序文件和Internet临时文件进行清理，其具体操作如下。

（1）在控制面板中单击"管理工具"图标，打开"管理工具"窗口，如图2-33所示。

名称	修改日期	类型	大小
iSCSI 发起程序	2019/12/7 17:09	快捷方式	2 KB
ODBC Data Sources (32-bit)	2019/12/7 17:10	快捷方式	2 KB
ODBC 数据源(64 位)	2019/12/7 17:09	快捷方式	2 KB
Windows 内存诊断	2019/12/7 17:09	快捷方式	2 KB
磁盘清理	2019/12/7 17:09	快捷方式	2 KB
服务	2019/12/7 17:09	快捷方式	2 KB
高级安全 Windows Defender 防火墙	2019/12/7 17:08	快捷方式	2 KB
恢复驱动器	2019/12/7 17:09	快捷方式	2 KB
计算机管理	2019/12/7 17:09	快捷方式	2 KB
任务计划程序	2019/12/7 17:09	快捷方式	2 KB
事件查看器	2019/12/7 17:09	快捷方式	2 KB
碎片整理和优化驱动器	2019/12/7 17:09	快捷方式	2 KB
系统配置	2019/12/7 17:09	快捷方式	2 KB
系统信息	2019/12/7 17:09	快捷方式	2 KB
性能监视器	2019/12/7 17:09	快捷方式	2 KB
注册表编辑器	2019/12/7 17:09	快捷方式	2 KB
资源监视器	2019/12/7 17:09	快捷方式	2 KB
组件服务	2019/12/7 17:09	快捷方式	2 KB

18 个项目

图2-33 "管理工具"窗口

（2）双击"磁盘清理"图标，弹出"磁盘清理：驱动器选择"对话框，如图2-34所示。

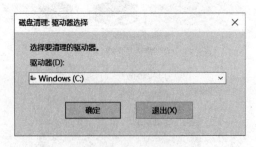

图2-34 "磁盘清理：驱动器选择"对话框

在"开始"菜单中选择"Windows 管理工具"→"磁盘清理"命令，也可打开"磁盘清理：驱动器选择"对话框。

（3）在对话框中选择需要进行清理的 C 盘，单击"确定"按钮，弹出"Windows（C：）的磁盘清理"对话框，如图2-35所示。

（4）勾选"要删除的文件"列表框中的"已下载的程序文件"和"Internet 临时文件"复选框，单击"确定"按钮，弹出图2-36所示对话框。

图 2 – 35 "Windows（C：）的磁盘清理"对话框

图 2 – 36 "磁盘清理"对话框

（5）单击"删除文件"按钮，系统将执行磁盘清理操作。

2. 整理磁盘碎片

计算机使用太久，系统运行速度会变慢，其中有一部分原因是系统磁盘碎片太多，对磁盘碎片进行整理可以让系统运行更顺畅。整理磁盘碎片是指系统将碎片文件与文件夹的不同部分移动到卷上的相邻位置，使其在一个独立的连续空间中。下面整理 C 盘中的碎片，具体操作如下。

（1）在"管理工具"窗口中，双击"碎片整理和优化驱动器"图标，或者在"开始"菜单中选择"Windows 管理工具"→"碎片整理和优化驱动器"命令，弹出"优化驱动器"对话框，如图 2 – 37 所示。

（2）选择要整理的 C 盘，单击"优化"按钮，开始对 C 盘进行碎片整理。此外，按住 Ctrl 键可以同时选择多个磁盘进行优化。

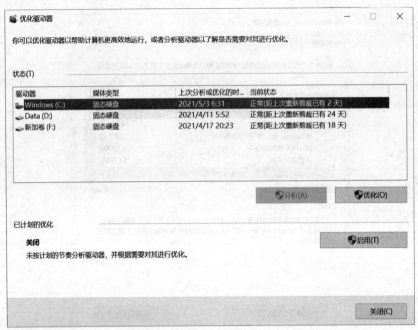

图 2-37　"优化驱动器"对话框

步骤十　Windows 10 操作系统的个性化设置

Windows 10 操作系统的性能越来越好，用户越来越多，可以个性化设置其界面，Windows 10 操作系统界面的个性化设置被集成到"个性化"窗口中。这是微软公司对 Windows 界面设置重新归类的结果。

可以通过"开始"菜单的"设置"选项打开"Windows 设置"窗口（图 2-38），单击其中的"个性化"图标，打开"个性化"窗口，也可以通过在 Windows 10 桌面空白处单击鼠标右键选择"个性化"选项打开"个性化"窗口。

图 2-38　"Windows 设置"窗口

Windows 10 桌面背景默认为图片形式。除了可以使用单一图片外，还可以选择采用"纯色"和"幻灯片放映"两种模式的桌面。在图片模式下，在中间显示的几张小图中选择喜欢的作桌面背景。单击小图下的"浏览"按钮，可选择在计算机中保存的其他图片，如图 2-39 所示。

图 2 - 39 "图片"模式背景设置

在"纯色"模式下,系统桌面以用户选择的纯色背景来显示,如图 2 - 40 所示。

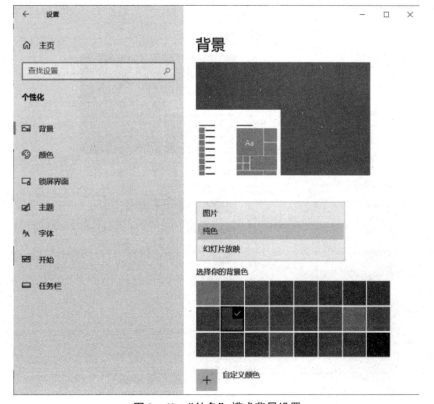

图 2 - 40 "纯色"模式背景设置

通过自定义设置主题颜色，或者输入 RGB 编号进行保存，如图 2 - 41 所示。

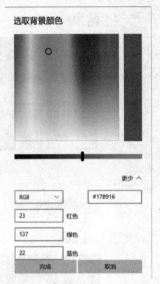

图 2 - 41　自定义背景颜色

在"幻灯片放映"模式下，要为幻灯片指定相册文件夹，相册文件夹中的照片可以自动在桌面背景中播放。桌面幻灯片可指定自动方式、更换照片的频率和设定是否启动无序播放，如图 2 - 42 所示。

图 2 - 42　"幻灯片放映"模式背景设置

Windows 10 桌面背景设置还有一个独特的功用——将背景图片的"契合度"设置为"跨区"。

如果计算机连接了多台显示器，桌面照片会跨显示器显示，为宽幅场景图片的多显示器联合拼接显示提供展示空间。因为计算机中保存的图片并不全是按显示屏大小定制的，其中有大也有小，放到桌面上作背景可能不合适，此时需要选择最适合的展示图片的模式，如图2-43所示。

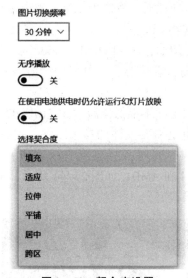

图 2-43　契合度设置

"Windows 设置"窗口中大部分选项和控制面板中一样，但是展示得更直接，控制面板中的大部分设置功能也可以通过"Windows 设置"窗口来完成。在"Windows 设置"窗口中可以对显示器、声音、剪贴板、语言等进行设置。

任务三　配置与选购笔记本电脑

●任务描述

王晓考入了理想的大学，爸爸许诺入学前给他配置一台笔记本电脑。市面上笔记本电脑的品牌、系列、型号丰富，可选择性大。王晓报考的是平面设计专业，需要安装一些设计软件，且对屏幕的分辨率要求较高，请你帮他选择一台理想的笔记本电脑。

步骤一　选择品牌

在购买笔记本电脑之前，要确定自己对笔记本电脑的需求定位，然后选择合适的品牌。

笔记本电脑的品牌是选购笔记本电脑的很重要的一个参数。不同的生产商对笔记本电脑的定位不同。例如，联想的 ThinkPad 系列保持着传统的"小黑"样式（S3 已经打破这一传统，作为 ThinkPad 新的尝试），并不懈追求品质，是性能和稳定性的杰出代表；索尼系列的稳定性、耐用性不高，但时尚、高端的外观和做工具有不错的吸引力。

步骤二　选择 CPU

CPU 是一台笔记本电脑的核心，其性能决定着笔记本电脑的运行速度，其档次也会影响笔记本电脑的价格（例如常见的 i3，i5，i7）。

在选择 CPU 时要注意 CPU 的后缀。目前主流的笔记本电脑 CPU 的后缀有以下几种。

（1）U——代表低电压。例如，i7 10510U R7 4800U（英特尔十代和十一代以后用"G"表示），这类 CPU 性能一般，但功耗低，发热少，笔记本电脑比较轻薄，续航时间长。一般轻薄的笔记本电脑使用的都是这类 CPU。

（2）H——代表标准电压。例如，i5 – 10400H R4600H。标准电压 CPU 的性能比低电压 CPU 的性能好很多，但功耗更高，发热更多，一般用于游戏本和全能本等高性能的笔记本电脑。

i5 – 10400H R4600H 在档次上比不上低压版 i7 10510U R7 4800U，但性能更好。

除了品牌外，CPU 的主频也是需要关注的参数之一。主频越高，说明 CPU 的运算速度越快，性能越好。

CPU 的主要市场品牌是 intel 和 AMD，如图 2 – 44 所示。AMD 的 CPU 具有超频的特性，不过需要进行一些配置，但效果很好。

图 2 – 44　AMD 与 intel 的 CPU

步骤三　选择显卡

显卡分为独立显卡和集成显卡，如图 2 – 45 所示。

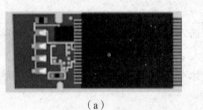

（a）　　　　　　　　　（b）

图 2 – 45　显卡

（a）独立显卡；（b）集成显卡

1. 独立显卡

独立显卡分为内置独立显卡和外置独立显卡。内置独立显卡又分为纯粹的独立显卡和混合显存显卡两种，前者是一块普通的显卡，后者有自己的显存，还可以通过系统总线调用系统内存以增加显存容量。常见的独立显卡都是内置独立显卡，插在主板的 AGP 或 PCI – E 插槽上。

2. 集成显卡

集成显卡一般分为独立显存集成显卡、内存划分集成显卡以及混合式集成显卡。

集成显卡具有以下优点：集成了声卡和网卡，价格低廉；声卡、显卡和网卡由同一个厂家组装，兼容性好；能够满足办公、上网、播放多媒体文件等一般的需求；升级成本低。

集成显卡的性能低于中高档独立显卡；占用内存作为显存，影响系统的整体性能；BIOS刷新过程复杂。

显卡的性能决定了显示屏画面的质量。目前的显卡品牌主要有 ATI 和 NVIDIA。正常办公可以选择 NVIDIA 的显卡。游戏发烧友建议选择 ATI 的显卡，它在图像处理方面更具优势。

选择显卡时还需要关注显卡的显存、分辨率等。

步骤四　选择内存

目前主流内存的大小是 8 GB，高端配置的内存大小是 16 GB。理论的最大支持内存决定了内存的扩展空间。例如，笔记本电脑只有 2 GB 内存，但其最大支持内存是 4 GB，则可以添加一个 2 GB 的内存条（笔记本电脑一般有两个内存条），这就相当于笔记本电脑具有 4 GB 内存，如图 2 - 46 所示。

图 2 - 46　内存条

步骤五　选择显示屏

好的显示屏对使用舒适度的提升是很明显的。

（1）显示屏的材质。IPS 显示屏比 TN 显示屏观感好，目前主流的笔记本电脑大多采用IPS 显示屏。

（2）显示屏的色域。低端笔记本电脑的显示屏通常采用 45% NTSC 色域，播放视频时会产生明显偏色现象。质量好的 IPS 显示屏采用 72% NTSC 色域，基本可以满足日常使用和非专业修图的需要。

步骤六　确定其余参数

（1）硬盘（图 2 - 47）。一般选择固态硬盘。硬盘的容量决定了笔记本电脑能存储的文件大小，现在硬盘的容量多为 500 GB 或者 1 TB。部分笔记本电脑有多余硬盘位用于后期加装，另外数据过多也可外接移动硬盘。

图 2 - 47　硬盘

（2）操作系统的位数（32 bit, 64 bit）。这其实是 CPU 的参数之一，64 bit CPU 拥有更大的寻址能力，最大支持 16 GB 内存，而 32 bit CPU 只支持 4 GB 内存。理论上 64 bit CPU 的性能是 32 bit CPU 的 2 倍，处理速度更快。

课后练习

（1）除了本项目任务二中完成的 Windows 10 操作系统的个性化设置，还可以对计算机的颜色、锁屏界面、主题和"开始"菜单进行设置。请同学们尝试进行设置。

（2）为本项目任务三中的王晓提供购买方案。

（3）消费者在购买笔记本电脑后通常都会安装操作系统。王晓购买的笔记本电脑安装了 Windows 10 操作系统，但无其他软件，请为王晓的笔记本电脑进行个性化设置，根据需求安装软件，并描述相关软件的下载及安装方法。

项目三
文字处理软件

【学习目标】
- 了解 Word 2016 的主要功能，熟悉 Word 2016 文档的新建、打开、保存、关闭等基本操作。
- 掌握文档的编辑功能，掌握文档的格式化操作。
- 掌握 Word 2016 中表格的制作。
- 掌握页眉、页脚、页码和目录的设置方法，能够进行图文混排。
- 能利用 Word 2016 的各种功能制作出丰富多彩的精美文档。

任务一　文档的基本操作——制作放假通知

●任务描述

王丹是××××大学的办公室文员，端午节将至，现要发布一则放假通知，内容如图 3-1 所示。

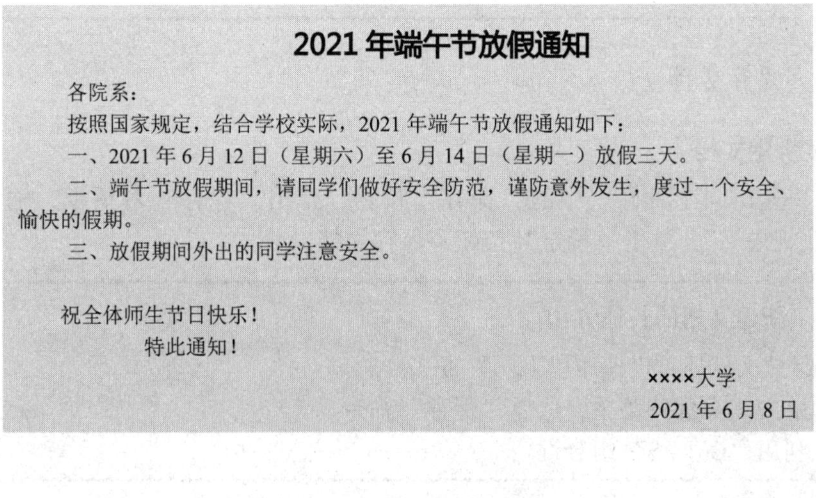

2021 年端午节放假通知

各院系：

按照国家规定，结合学校实际，2021 年端午节放假通知如下：

一、2021 年 6 月 12 日（星期六）至 6 月 14 日（星期一）放假三天。

二、端午节放假期间，请同学们做好安全防范，谨防意外发生，度过一个安全、愉快的假期。

三、放假期间外出的同学注意安全。

祝全体师生节日快乐！

特此通知！

××××大学

2021 年 6 月 8 日

图 3-1　端午节放假通知

步骤一　新建空白文档

在 Word 2016 窗口中的"文件"菜单中选择"新建"命令，在右侧主页板块中单击"空白文档"图标，然后单击"创建"按钮，自动创建一个空白文档。

应用拓展　使用模板创建简历

在 Word 2016 窗口的"文件"菜单中选择"新建"命令。在"新建"界面会自动联机，列出各种模板，单击"简介清晰的简历"图标，单击"创建"按钮。在新建的"简洁清晰的简历"文档中，单击需要修改的项目，直接输入用户的实际内容即可。

用户还可以在搜索栏中输入关键字搜索需要的模板，用这种方法可以快速创建自己想要的文档，如图 3 – 2 所示。

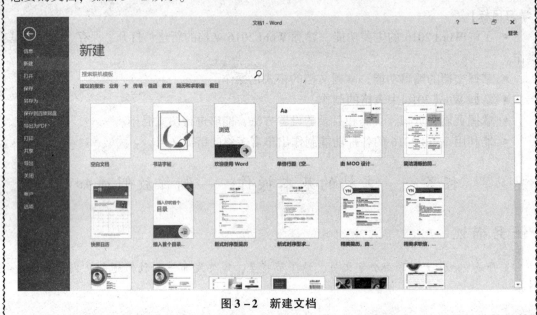

图 3 – 2　新建文档

步骤二　保存文档

1. 保存新建文档

单击"快速访问工具栏"中的"保存"按钮，弹出"保存"对话框，输入文件名称"大学生学业规划书"，单击"确定"按钮，保存文档。

应用拓展　新建文档的其他方法

保存新建文档还可以使用以下两种方法：

（1）单击"文件"菜单，选择"保存"命令。

（2）利用"Ctrl + S"组合键。

2. 另存为文档

当用户编辑完一份重要的文件时，可以根据上面的方法直接保存该文档。但是当用户希望保留一份文档修改前的副本时，可以选择"另存为"命令。操作方法选择"文件"→"另存为"命令，在右侧列表中单击"浏览"按钮，打开"另存为"对话框，在另存文件时，可以将当前文档保存为图 3 – 3 所示的格式。

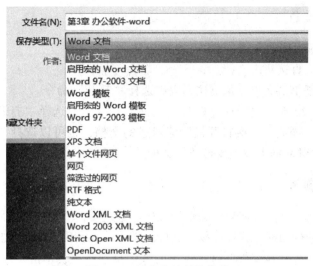

图 3 – 3　另存为的几种格式

3. 自动保存文档

在"文件"菜单中选择"选项"命令，打开"Word 选项"对话框，然后选择"保存"选项，勾选"保存自动恢复信息时间间隔"复选框。在"分钟"框中，输入或选择用于确定文件保存频率的数字，如图 3 – 4 所示，默认自动保存间隔是 10 分钟。用户可以根据情况调整自动保存间隔，通常保持默认值。

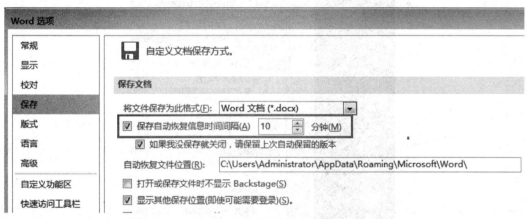

图 3 – 4　文档自动保存设置

步 骤 三　退 出 文 档

退出文档常用以下 4 种方法。

（1）单击 Word 2016 窗口右上角的"×"按钮。

（2）用鼠标右键单击标题栏，在弹出的快捷菜单中选择"关闭"命令。

（3）单击 Word 2016 的图标，在菜单中选择"关闭"命令。

（4）单击"文件"选项卡，在弹出的菜单中选择"退出"命令。

步骤四 打开文档

打开一个已经编辑好的文档，有以下 3 种方法。

（1）找到文档，直接双击文档。

（2）用鼠标右键单击文档，从下拉列表中选择"打开"命令。

（3）启动 Word 2016 应用程序，单击"文件"选项卡，选择"打开"命令，可以从右侧列表选择"最近"选项，直接打开最近编辑过的文档，也可以选择"浏览"命令，弹出"打开"对话框，从对话框中找到要打开的文档。

步骤五 文档加密

用户在编辑文档的时候，如果所编辑的文档非常重要，不想让别人随便查看和编辑，可以对所编辑的文档进行加密，这样在打开文件时需要输入密码才能正常打开。对文档加密的方法是：打开文件，选择"文件"选项卡下的"信息"选项，单击"保护文档"下拉按钮，从下拉列表中选择"用密码进行加密"命令，在弹出的对话框中输入密码，确定即可，如图 3 – 5 所示。

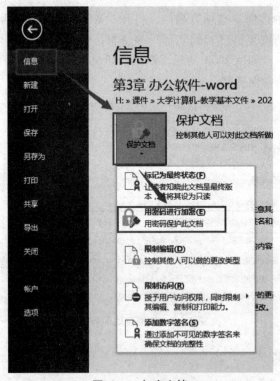

图 3 – 5 加密文档

步骤六 输入文本

1. 输入文字

将鼠标指针移至文档编辑区中，当其变为"I"形状后，在需要编辑的位置单击。将鼠标指针定位好后，切换到所需的输入法状态，在插入点处输入文字即可。

应用拓展

输入文本后，可以选定文本，对其进行删除、移动、复制等编辑操作。

（1）删除文本的方法如下。

①按 Backspace 键或 Del 键。

②在"剪贴板"窗格中，单击"剪切"按钮。

③按"Ctrl + X"组合键。

（2）复制文本的方法如下。

①菜单命令法。先选定要重复输入的文字，使用"开始"选项卡或右键快捷菜单中的"复制"命令或"Ctrl + C"组合键对文字进行复制；然后将光标置于要输入文本的地方，使用右键快捷菜单中的"粘贴"命令或"Ctrl + V"组合键可以实现粘贴，这样可以免去很多输入的麻烦。

②鼠标拖动法。先选定要重复输入的文字，同时按 Ctrl 键和鼠标左键，拖动鼠标指针到需要插入复制文本的位置后释放鼠标左键和 Ctrl 键。

在 Word 2016 中，复制文本会在粘贴的文本后面出现一个粘贴选项按钮，单击该按钮可以展开粘贴命令菜单。在粘贴命令菜单中，有 4 种方式供用户选择。

保留源格式：所粘贴内容的属性不会改变；

匹配目标格式：所粘贴内容的字体、字号等属性和目标一样；

仅保留文本：只粘贴文本内容；

设置默认粘贴：通过设置默认粘贴可以自定义粘贴方式。

（3）移动文本的方法主要有以下两种。

①常规法。选择需要移动的文本，使用"开始"选项卡或右键快捷菜单中的"剪切"命令或"Ctrl + X"组合键对文字进行剪切；然后将光标置于要输入文本的地方，使用右键快捷菜单中的"粘贴"命令或"Ctrl + V"组合键可以实现粘贴。

②鼠标拖动法。先选中要移动的文字，同时按住鼠标左键，拖动鼠标指针。此时，鼠标指针会变成一个带有虚线方框的前头，光标呈虚线状。当光标移动到要插入文本的位置后释放鼠标左键，就可以实现文本的移动。

2. 输入符号

在"插入"选项卡的"符号"组中单击"符号"下拉按钮，打开图 3 – 6 所示的下拉列表，然后浏览并选择所需要的符号。

图 3 – 6　输入符号

3. 插入编号

在"插入"选项卡的"符号"组中单击"编号"按钮，打开图3-7所示的对话框，然后浏览并选择所需的编号类型。

图3-7 插入编号

4. 插入日期和时间

单击"插入"选项卡中的"日期和时间"按钮 日期和时间，打开图3-8所示对话框，然后浏览并选择所需的日期格式。

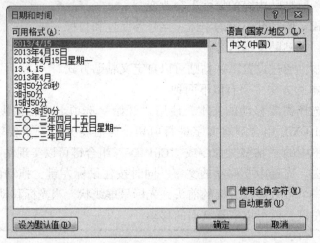

图3-8 插入日期

实践：完成放假通知的制作。

任务二 文档的格式与美化——制作图文混排的文档

●任务描述

为朱自清的散文《背影》文档进行如下设置。

（1）为正文第一段设置首字下沉，为第二段添加边框和底纹，为第三段设置分栏；

（2）插入图片，设置图片格式，将图片衬于文字下方与文本混排；

（3）插入艺术字，设置艺术字格式，为艺术字设置阴影；

（4）插入文本框，为文本框内的文字添加项目符号；

（5）设置页面边框；

（6）设置页眉和页脚。

设置后的效果如图3-9所示。

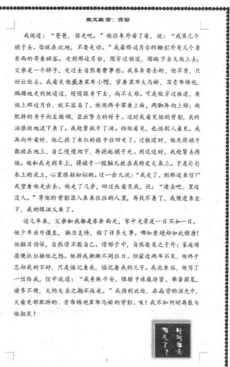

图3-9 图文混排后的《背影》文档

步骤一 设置字符格式

字体设置主要指对文本进行字体，字号，字形，颜色，下划线及其上、下标，字符间距等的设置。用户可以根据需要有选择地进行设置。对字体进行设置时，可以使用"开始"选项卡的"字体"组进行常规的设置，如果想进行详细设置可以通过"开始"选项卡的"字体"组打开"字体"对话框进行设置，如图3-10所示。

在"字体"对话框的"高级"选项卡中还可以设置字符间距。

步骤二 设置段落格式

段落格式化主要包括段落缩进、文本对齐方式、行间距及段间间距、边框和底纹等格式设置。段落格式化操作只对插入点或所选定文本所在的段落起作用。

设置段落格式，可以使用"段落"对话框和"段落"组两种方法。其中使用"段落"组可对段落格式进行简捷和快速的设置；而使用"段落"对话框可以对段落格式进行详细的设置，如图3-11所示。

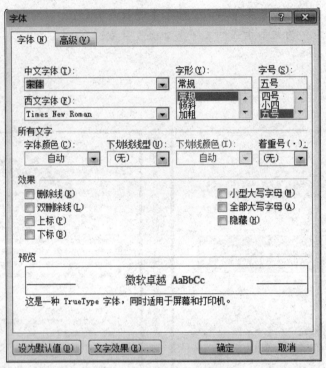

图 3−10 "字体" 对话框

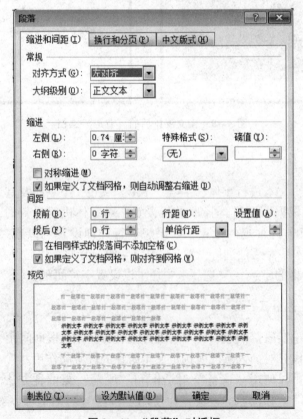

图 3−11 "段落" 对话框

格式刷是一种快速进行段落格式化的工具。可以将已经设置好的字体和段落格式快速应用到未设置好的文本中。格式刷的使用方法如下。

（1）一次使用：将光标定位到已经设置好的文本中，单击格式刷一次，然后鼠标会变成刷子 样式，拖动鼠标，刷过的文本就会自动变成设置好的文本格式。

（2）多次使用：如果想多次使用格式刷，可以将光标定位到已经设置好的文本中，然后双击格式刷，拖动鼠标，"刷"要进行格式化的文本，操作结束后，可以单击格式刷或者按 Esc 键取消格式刷状态。

步骤三　设置对象

在 Word 2016 中除了可以对文本进行编辑，还可以插入各种对象，比如插入图片、文本框、自选图形、艺术字、表格等，实现图文混排。

1. 插入图片

1）插入联机图片

Word 2016 提供了插入联机图片的功能，用户可以搜索自己想要的图片类型，然后选中并插入文档。

（1）将光标定位到需要插入图片的位置。

（2）选择"插入"选项卡"插图"组中的"联机图片"命令，系统会打开"插入图片"对话框，如图 3 – 12 所示。在搜索框中输入图片关键字，比如"运动""风景"等，在弹出的对话框中可以进一步选择"尺寸""类型""颜色"等，进行更精确的设置。

（3）在"插入贴画"任各窗格上方的"搜索文字"文本框中，输入剪贴画的关键字，例如"科技""cat"等，然后单击"搜索"按钮，在"结果"下拉列表框中将显示主题中包含该关键字的剪贴画。单击所需的剪贴画就可以把剪贴画插入文档。

图 3 – 12　"插入图片"对话框

2）插入图片

在 Word 2016 中，用户可把自己保存的图片文件（如从网上、内存卡上或扫描仪中得到的图片）插入文档。插入图片的类型可以是".bmp"".jpg"".gif"和".wmf"等。

（1）将光标定位到需要插入图片的位置。

（2）选择"插入"选项卡"插图"组中的"图片"命令，系统会打开"插入图片"对话框。

（3）在"插入图片"对话框中选择图片保存的位置、名称，单击"插入"按钮即可。

注：Word 2016 允许同时插入多张图片，在"插入图片"对话框里按住 Ctrl 键选择多张不连续的图片或按住 Shift 键选择多张连续的图片，单击"插入"按钮即可。利用 Ctrl 键可一次插入两张不相邻的图片，如图 3 – 13 所示。

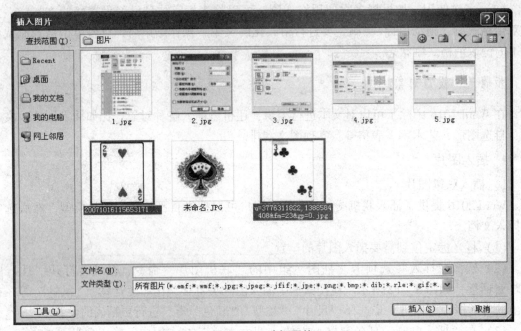

图 3 – 13　选择图片

3）利用剪贴板插入图片

用户可以利用剪贴板剪切或复制其他应用程序制作的图片，然后粘贴到文档的指定位置。

4）屏幕截图

利用屏幕截图功能可以捕获在计算机上打开的全部或部分窗口的图片。

（1）将光标定位到需要插入屏幕截图的位置。

（2）单击"插入"选项卡"插图"组中的"屏幕截图"下拉按钮，在可视窗口中选择需要屏幕截图的窗口。

（3）这样计算机上的活动窗口就可以以图片的形式插入文档。

注：Word 2016 一次只能添加一个屏幕截图。若需要添加多个屏幕截图，需进行多次屏幕截图操作。

2. 设置图片格式

插入图片之后，还可以对它进行格式设置，如设置文字环绕、缩放、剪裁、添加填充色和边框等。

1）设置图片"文字环绕"方式

"文字环绕"主要指图片和图片周围的文字分布情况。在 Word 2016 中，刚插入的图片为嵌入式，即不能在其周围环绕文字。要在图片的周围环绕文字，必须设置环绕方式，操作步骤如下。

（1）单击要设置格式的图片，此时在图片的边框上会出现8个控点，系统同时显示图片工具中的"格式"功能菜单。

（2）单击"格式"功能菜单，下面会出现对应的功能区，单击"排列"组里的"环绕文字"下拉按钮，选择需要的"环绕文字"方式，如图3-14所示。

图3-14 图片的"文字环绕"方式

2）裁剪图片

当只需要图片的一部分时，可以把多余部分隐藏起来，方法如下。

选择要修改的图片，单击"格式"选项卡下"大小"组里的"裁剪"按钮。鼠标会变成，按住鼠标左键向图片内部拖动任意尺寸控点，即可裁剪掉多余部分。

如果要对图片进行精确裁剪，可通过"设置图片格式"对话框的"图片"选项卡进行设置。

注：裁剪掉的图片只是被隐藏起来了，要恢复被裁剪的图片，在图片控点上使用"裁剪"按钮向外拖动，即可恢复被裁剪的图片。

3）设置图片大小

在对图片进行编辑时，如果用户希望对图片尺寸进行更细致的设置，可以利用"设置图片大小"对话框进行设置。

选择要编辑的图片，单击"格式"选项卡，选择"大小"组右下角的箭头，在弹出的"设置图片大小"对话框中进行设置；也可以用鼠标右键单击图片，选择"大小和位置"选项，在弹出的"布局"对话框中进行设置，如图3-15所示。

注：勾选"锁定纵横比"复选框可以保证图片比例不会变化。

利用Word 2016的艺术字功能，可以方便地为文字建立艺术效果，如旋转、变形、添加修饰等。艺术字默认插入形式是嵌入式。

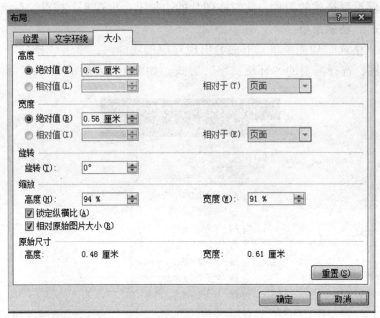

图 3–15 "布局"对话框

3. 艺术字

1）插入艺术字

（1）将光标定位到要插入艺术字的位置。

（2）单击"插入"选项卡下"文本"组中的"插入艺术字"下拉按钮，可以从弹出的艺术字样式列表里选择合适的"艺术字样式"，如图 3–16 所示。

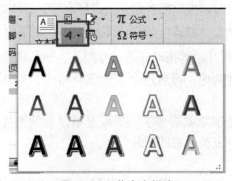

图 3–16 艺术字样式

（3）在弹出的编辑艺术字对话框中，如图 3–17 所示，输入要插入的艺术字的内容并设置好字体、字号，单击"确定"按钮即可。

图 3–17 编辑艺术字对话框

2）编辑艺术字

如果对插入的艺术字不满意，可编辑艺术字和设置艺术字效果。编辑艺术字的方法如下。

单击要设置格式的艺术字，此时在艺术字的边框上会出现8个控点，系统同时显示"格式"选项卡。单击"格式"选项卡，下面会出现对应的功能区，如图3-18所示，可以按照需要对艺术字进行设置。效果如图3-19所示。

图3-18　"绘图工具－格式"功能区

图3-19　设置艺术字格式后的效果

4. 文本框

文本框是一个可以独立处理的矩形区域。在文本框中可以对文字进行单独的格式设置，如设置文字的大小、方向，段落格式等。通过文本框可以把文字放置在页面中的任意位置，可以和其他图形产生环绕、组合等各种效果。

1）插入文本框

（1）单击"插入"选项卡下"文本"组中的"文本框"下拉按钮，再从其级联菜单中选择"绘制文本框"或"绘制竖排文本框"命令，此时鼠标指针变成"十"字形。

（2）移动鼠标指针到合适位置，按住鼠标左键，再拖动鼠标以定出文本框的边界，当文本框大小适合时释放鼠标左键，即可生成一个空的文本框。

（3）插入文本框后，就可以把插入点移入文本框内，再往文本框内加入文本和图形等内容。

2）利用模板插入文本框

将光标定位到要插入文本框的位置，单击"插入"选项卡下"文本"组中的"艺术字"下拉按钮，再从其级联菜单中选择合适的文本框模板，选定样式的文本框会被插入插入点的位置，然后可以对里面的文本等内容进行编辑。

3）文本框的基本操作

插入文本框后，可以根据需要对其进行编辑。

（1）选定文本框。单击文本框，文本框将会被选中。选定状态下的文本框周围出现虚线框和8个控点。在这种状态下可以对文本框进行缩放、移动、复制和删除操作（操作方法与图片操作类似）。

（2）编辑文本框。在编辑状态下，文本框周围出现虚线框和8个控点，在虚线框内还有一个插入点。在这种状态下，可以对文本框的内容进行编辑。

（3）设置文本框格式。对文本框还可以进行边框、阴影等艺术效果的设置，具体方法如下。

单击要设置格式的文本框，此时在文本框的边框上会出现8个控点，系统同时显示"格式"选项卡。单击"格式"选项卡，下面会出现对应的功能区，如图3-20所示，可以按照需要对文本框进行设置。设置阴影和竖排文本效果后的文本框如图3-21所示。

图 3-20 "文本框工具—格式"功能区

图 3-21 设置阴影和竖排文本效果后的文本框

5. 自绘图形

在 Word 2016 中不仅可以插入图片，还可以自己绘制一些图形，如流程图、结构图等。利用自绘图形功能可以画出直线、矩形、椭圆、柱形等多种多样的基本图形，还可以利用基本图形组合成一幅图画。

1）生成自绘图形

自绘图形一共包括线条、基本形状、箭头总汇、流程图、标注、星与旗帜六大类。

（1）将光标定位到要绘制图形的位置。

（2）单击"插入"选项卡下"插图"组中的"形状"下拉按钮，可以从弹出的自绘图形样式中选择需要的形状，如图3-22所示，此时鼠标指针变成"十"字形。

（3）移动鼠标指针到合适位置，按住鼠标左键，再拖动鼠标以定出自绘图形的边界，当图形大小合时释放鼠标左键，即可生成自绘图形。

2）添加文字

生成自绘图形后，可以在其中添加文字。添加文字的方法是：用鼠标右键单击自绘图形，选择"添加文字"命令，此时自绘图形相当于一个文本框，可以在其

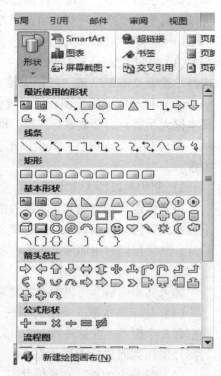

图 3-22 自绘图形样式

中输入文字。

3）编辑自绘图形

如果对自绘图形不满意，还可以对自绘图形进行修改、编辑。

单击要设置格式的图形，此时在图形的边框上会出现 8 个控点，系统同时显示"绘图工具"菜单下的"格式"选项卡。单击"格式"选项卡，下面会出现对应的功能区，如图 3 – 23 所示，可以按照需要对自绘图形进行设置。

图 3 – 23 "绘图工具 – 格式"功能区

4）组合与取消组合

如果用户绘制了一个由若干基本图形构成的完整图形，在移动这个图形时往往会使这些图形发生移动错位，Word 2016 提供的"组合"功能可以将绘制的多个图形组合成一个图形。组合图形的方法如下。

（1）按住 Shift 键依次单击每个需要组合的图形。

（2）选择"格式"选项卡中"排列"组中的"组合"命令，如图 3 – 24 所示，或者单击任意一个图形的尺寸控点，从快捷菜单中选择"组合"命令，再从其级联菜单中选择"组合"命令，就可以将所有选中的图形组合成一个图形。组合后的图形可以作为一个图形对象进行处理。应当注意的是，只有浮动式对象才能进行组合。图 3 – 25 所示是由矩形框和三角形组合成的图形效果。

"取消组合"的操作方法如下：用鼠标右键单击要"取消组合"的图形，在弹出的快捷菜单中选择"组合"命令，从其级联菜单中选择"取消组合"命令即可。

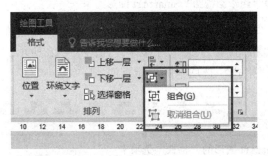

图 3 – 24 组合图形

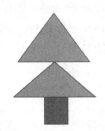

图 3 – 25 组合图形效果

6. SmartArt 图形的插入和设置

SmartArt 图形是信息和观点的视觉表示形式。可以通过从 Word 2016 自带的多种不同布局中进行选择来创建 SmartArt 图形，从而快速、轻松、有效地传达信息。插入 SmartArt 图形的方法如下。

（1）将光标定位在要插入 SmartArt 图形的位置，在"插入"选项卡的"插图"组中单击 "SmartArt"按钮。

（2）打开"选择 SmartArt 图形"对话框中，如图 3 – 26 所示。

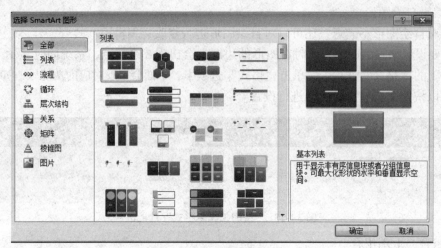

图 3 – 26 "选择 SmartArt 图形"对话框

（3）在对话框左侧选择合适的类别，然后在对话框右侧选择需要的 SmartArt 图形，并单击"确定"按钮。

（4）返回 Word 2016 文档窗口，在插入的 SmartArt 图形中单击文本占位符，输入合适的文字即可。图 3 – 27 所示为一个制作好的企业的"组织结构图"SmartArt 图形。

图 3 – 27 企业的"组织结构图"SmartArt 图形

选中做好的 SmartArt 图形，会出现"设计"和"格式"选项卡。通过"设计"选项卡可以对 SmartArt 图形进行"创建图形""布局""样式"等操作，如图 3 – 28 所示；"格式"选项卡的功能与图片、形状、艺术字的"格式"选项卡的功能类似。

图 3 – 28 SmartArt 图形的"格式"选项卡

步骤四 表格设置

在 Word 2016 文档中除了插入图片等对象，还可以插入表格，并可以对表格进行相关设置，也可以利用表格实现数据的简单处理。

1. 创建表格

1）使用"插入表格"按钮创建表格

将光标定位到需要插入表格的位置，单击"插入"选项卡，然后单击"表格"组里的

"表格"下拉按钮，按住鼠标左键在"插入表格"按钮■上拖动，选择表格的大小。当网格底部显示所需的行、列数后，松开鼠标左键即可，如图3-29所示。

注：利用此种方法最多能创建8行、10列的表格。

2）利用"插入表格"命令创建表格

将光标定位到需要插入表格的位置，单击"插入"选项卡，然后单击"表格"组里的"表格"下拉按钮，选择"插入表格"命令，在出现的"插入表格"对话框中输入表格所需列数和行数，如图3-30所示，单击"确定"按钮即可。

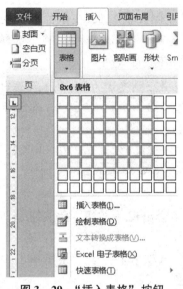

图3-29 "插入表格"按钮

图3-30 "插入表格"对话框

3）利用"绘制表格"命令创建表格

单击"插入"选项卡，然后单击"表格"组里的"表格"下拉按钮，选择"绘制表格"命令，这时鼠标指针变成一支笔的形状，可以画出需要的表格。

4）文本转换表格

Word 2016 提供了将具有特殊格式的文本直接转换成表格的功能，转换的方法是：首先选中要转换成表格的文本，在"插入"选项卡的"表格"组中，单击下三角按钮，选择"文本转换成表格"命令，如图3-31所示。

2. 编辑表格

表格的编辑主要包括：行和列的插入、删除、合并、拆分，行高和列宽的调整等。

1）表格的选择

（1）单元格的选择。

①单个单元格的选择。将鼠标指针移到单元格左侧，在鼠标指针变为➤形状时单击选定该单元格，或者单击"布局"选项卡下"表"组里的"选择"下拉按钮，选择"选择单元

图3-31 "文本转换成表格"命令

格"命令，可选择光标所在的单元格。

②多个连续单元格的选择。将鼠标指针移动到单元格左侧，在鼠标指针变为➔形状时拖动鼠标，选择多个相邻单元格，或者选择第一个单元格后按 Shift 键，单击最后一个单元格，从而选择多个连续单元格。

③多个不连续单元格的选择。将鼠标指针移到单元格左侧，在鼠标指针变为➔形状时单击选择该单元格，按 Ctrl 键继续选择其他单元格，可以选择多个不连续单元格。

（2）行（列）的选择。

①单行（列）的选择。将鼠标指针移动到表格左侧（上方），在鼠标指针变为➔形状（↓）时单击选择相应行（列），或者单击"布局"选项卡下"表"组里的"选择"下拉按钮，选择"选择行"或"选择列"命令，选择光标所在的行（列）。

②连续多行（列）的选择。将鼠标指针移动到表格左侧（上方），在鼠标指针变为➔形状（↓）时拖动鼠标，可以选择多行（列），或者选择第一个行（列）后按 Shift 键，单击需要选择的最后一行（列），可以选择连续多行（列）。

③不连续多行（列）的选择。选择需要选择的第一行（列）后，按 Ctrl 键，在鼠标指针变为➔状（↓）时单击其他不相邻的行（列），可以选择不连续多行（列）。

（3）整表的选择。

①当鼠标指针移向表格内时，在表格外的左上角会出现⊞按钮，此按钮是"表格全选按钮"，单击它可以选择整个表格。

②将光标放在表格的任一单元格内，在"布局"选项卡下"表"组里单击"选择"下拉按钮，选择"选择表格"命令，可以选择整个表格。

③将光标定位在表格的第一行第一列的单元格内，拖动鼠标到表格的最后一个单元格，可以选择整个表格。

2）表格、单元格的合并与拆分

（1）合并单元格。

①选择要合并的单元格区域，选择"布局"选项卡下的"合并单元格"命令，所选择的单元格区域就合并成一个单元格。

②选择要合并的单元格区域，用鼠标右键单击该区域，选择"合并单元格"命令，所选择的单元格区域就合并成一个单元格。

注：合并单元格后，单元格区域中各单元格的内容也合并到一个单元格中，原来每个单元格中的内容占据一段。

（2）拆分单元格。

①选择要拆分的单元格或单元格区域，选择"布局"选项卡下"合并"组里的"拆分单元格"命令，系统弹出图 3 - 32 所示的"拆分单元格"对话框，根据需要设置需要拆分的行数和列数，单击"确定"按钮，完成单元格的拆分。

②用鼠标右键单击单元格，选择"拆分单元格"命令，在弹出的"拆分单元格"对话框中进行相应的拆分设置。

（3）拆分表格。

将光标定位到要拆开作为第二个表格的第一行中的任一单元格内，选择"布局"选项卡下的"拆分表格"命令或按"Ctrl + Shift + Enter"组合键，表格中间会自动插入一个空白行，表格也就被拆成两个表格。

3）单元格、行、列的插入

在表格的编辑过程中，经常需要增加一些内容，如插入整行、整列或单元格等，具体方法如下。

（1）单元格的插入。

将光标移动到某单元格内，单击鼠标右键，选择"插入"→"插入单元格"命令，在弹出的"插入单元格"对话框中进行设置后单击"确定"按钮即可，如图 3 - 33 所示。

图 3 - 32 "拆分单元格"对话框

图 3 - 33 "插入单元格"对话框

（2）行（列）的插入。

①将光标移动到表格的最后一个单元格中，按 Tab 键，可以在表格的末尾插入一行。

②将光标移动到表格某行尾的段落分隔符上，按 Enter 键，可以在该行下方插入一行。

③将光标移动到表格的任一行（列）内，在"布局"选项卡下"行和列"功能区中选择"在上方插入"或"在下方插入"（"在左侧插入"或"在右侧插入"）命令，可以在当前行上方或下方插入一行，如果选择了若干行（列），则执行上述操作时，插入的行（列）数与所选择的行（列）数相同。

④将光标移动到表格的任一行（列）内，单击鼠标右键，选择"插入"→"在上方插入行"或"在下方插入行"（"在左侧插入列"或"在右侧插入列"）命令，可以在当前行上方或下方插入一行（在当前列左侧或右侧插入一列），如果选择了若干行（列），则执行上述操作时，插入的行（列）数与所选择的行（列）数相同。

4）行、列的删除

在表格的编辑过程中，如果需要删除一些内容，可以对表格，表格的行、列或单元格进行删除，具体方法如下。

（1）整表删除。

①将光标放在要删除的表格内的任一单元格中，单击"布局"选项卡下的"删除"下拉按钮，选择"删除表格"命令，则可删除光标所在的表格。

②选择要删除的表格后，按 Backspace 键。

③选择要删除的表格后，用鼠标右键单击表格选择"剪切"命令或者按"Ctrl + X"组合键或者选择"开始"选项卡下"剪切板"组里的"剪切"命令，也能将光标所在的表格删除。

（2）行（列）的删除。

①选择要删除的行（列）后，将光标放在要删除行的任一单元格内，单击"布局"选项卡下的"删除"下拉按钮，选择"删除行"（删除列）命令，可以删除光标所在的行（列）。

②选择一行（列）或多行（列）后，按 Backspace 键，可以删除这些行（列）。

③选择一行（列）或多行（列）后，单击鼠标右键，选择"剪切"命令或者按"Ctrl + X"组合键或者选择"开始"选项卡下"剪切板"组里的"剪切"命令，则可以删除选定的行（列）。

（3）单元格的删除。

选择要删除的单元格，单击鼠标右键，选择"删除单元格"命令或者单击"布局"选项卡的"删除"下拉按钮，选择"删除单元格"命令，在弹出的"删除单元格"对话框中进行设置后单击"确定"按钮即可，如图 3 – 34 所示。

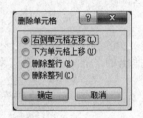

图 3 – 34 "删除单元格"对话框

注：删除表格中的行（或列）与清除表格中的内容在操作方法上有所不同，如果选择某行或某列之后再按 Del 键，只能清除行中的文本内容，而不能删除选择的行或列。

5）设置表格的行高、列宽

创建表格时，如果用户没有指定行高和列宽，Word 2016 则使用默认的列宽和行高，用户也可以根据需要对行高、列宽进行调整。

设置行高（列宽）。

（1）鼠标拖动。移动光标到某一行（列）的边框线上，这时光标变为 形状（ ），拖动鼠标即可调整该行高（列宽）。

（2）使用标尺。将光标移动到表格内，拖动垂直标尺上的行标志（水平标尺上的列标志），也可以调整行高（列宽）。

（3）使用表格属性。选择要改变行高（列宽）的行（列），用鼠标右键单击表格，选择"表格属性"选项或者选择"布局"选项卡下的"属性"选项，在弹出的"表格属性"对话框中选择"行"（列）选项卡，如图 3 – 35 所示，勾选"指定高度"（指定宽度）复选框，再在"指定高度"（指定宽度）组合框中选择或输入一个所需行高值（列宽值）。

图 3 – 35 "表格属性"对话框

（4）也可以用"布局"选项卡下"单元格大小"组中的"高度"（宽度）组合框来设置行高（列宽）。

6）表格位置、大小的调整

（1）设置表格位置。

将光标移动到表格内，表格的左上方会出现表格移动手柄⊞，拖动它可以移动表格到不同的位置。

（2）设置表格大小。

①将光标移动到表格内，表格的右下方会出现表格缩放手柄▫，拖动它可以改变整个表格的大小，同时保持行高和列宽的比例不变。

②自动调整表格大小。将光标放在表格的任意单元格内，用鼠标右键单击表格，选择"自动调整"命令或者单击"布局"选项卡"单元格大小"组里的"自动调整"下拉按钮进行相应的设置，如图 3-36 所示。

7）平均分布各行（列）

在对表格进行调整的过程中，可能会出现各行（列）不均匀的情况，这时可以使用平均分布各行（列）功能，使不均匀的表格变得均匀、美观。具体方法如下。

选择要进行平均分布的多行（列），选择"布局"选项卡下"单元格大小"组里的"分布行"或"分布列"命令［平均分布各行（列）］。

8）单元格内容对齐方式

在对表格内容进行排版时，要设置单元格内容的对齐方式，单元格内容的对齐方式共分为 9 种：靠上两端、靠上居中、靠上右对齐，中部两端、水平居中、中部右对齐，靠下两端、靠下居中、靠下右对齐。具体设置方法如下。

（1）选择要设置对齐方式的单元格（单元格区域），选择"布局"选项卡下"对齐方式"组里的相应对齐方式

（2）用鼠标右键单击单元格，选择"单元格对齐方式"子菜单中相应的对齐方式，如图 3-37 所示。

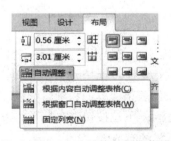

图 3-36 "自动调整"下拉菜单

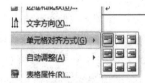

图 3-37 单元格对齐方式

3. 表格的格式化

为了使表格美观，可以对表格进行格式化，主要包括表格边框和底纹的设置、单元格内容的格式化等。具体方法如下。

1）使用"表样式"功能快速格式化表格

为了加快表格的格式化速度，Word 2016 提供了"表样式"功能，可以快速格式化表格，具体方法如下。

单击要格式化表格中的任一单元格，选择"设计"选项卡下"表样式"功能区中的一种表格样式，这样表格就套用了被选中的表格样式。

注：Word 2016 提供了 100 多种表格样式，表格样式可以修改，也可以自己新建表格样式。

2）使用"表格属性"对话框格式化表格

使用"表格属性"对话框可以设置表格的边框和底纹、表格的对齐方式、表格的行高和列宽等。将光标定位在要格式化表格的任一单元格中，打开"表格属性"对话框，可以进行相应的设置，如图 3 - 38 所示。

图 3 - 38 "表格属性"对话框

（1）表格对齐。

表格的对齐方式有左对齐、居中和右对齐 3 种，可以使用"表格属性"对话框的"表格"选项卡设置。

（2）表格边框的设置方法如下。

①选择表格或单元格，单击"设计"选项卡下"表样式"组中的 边框 下拉按钮，可以进行相应表格边框的设置。

②用鼠标右键单击表格，选择"表格属性"选项，在弹出的"表格属性"对话框中单击"边框和底纹"按钮，在弹出的"边框和底纹"对话框中选择"边框"选项卡，如图 3 - 39 所示。利用"边框和底纹"对话框可以设置表格边框的粗细、颜色、应用范围等。

③单击"设计"选项卡下"表样式"组中的 边框 下拉按钮，在打开的边框线列表中选择一种边框线，也可以设置表格或单元格相应边框线的有或无。

注：表格边框线的应用范围主包括文字、段落、单元格、表格。

（3）底纹的设置。

①选择表格或单元格，单击"设计"选项卡下"表样式"组中的 底纹 下拉按钮，打开"颜色"列表，可以进行以下操作。

从"颜色"列表中选择一种颜色，可将表格的底纹设置为相应的颜色。选择"无颜色"命令，则取消表格底纹的设置。选择"其他颜色"命令，弹出"颜色"对话框，可以自定义一种颜色作为表格的底纹。

图 3 – 39　"边框和底纹"对话框

②用"边框和底纹"对话框中的"底纹"选项卡设置表格底纹。

选择表格或单元格，打开"边框和底纹"对话框，选择"底纹"选项卡，如图 3 – 40 所示。利用"底纹"选项卡可以设置表格底纹的颜色、图案和应用范围等。

图 3 – 40　"边框和底纹"对话框

利用"表格属性"对话框还可以设置表格与文字的环绕方式、行高、列宽、单元格的垂直对齐方式等。

3）使用表格排版技巧格式化表格

（1）设置跨页表格标题。

如果一张表格需要在多页中跨页显示，就有必要设置标题行重复显示，因为这样会在每一页都明确显示表格中每一列所代表的内容，使人一看就明白具体的内容。设置标题行重复显示的具体方法如下。

选择标题行（必须是表格的第一行），打开"表格属性"对话框，切换到"行"选项卡，进行相应设置，如图 3 – 41 所示。

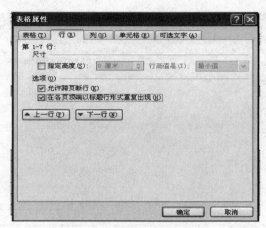

图3-41 "表格属性"对话框

另外，也可以在"布局"选项卡的"数据"组中选择"重复标题行"命令来设置跨页表格标题行重复显示。

（2）在表格上方加空行。

将光标置于左上角第一个单元格中（若单元格内有文字则放在文字前），然后按 Enter 键，这样在表格上方即可空出一行。

注：若表格上方有文字或空行，这种方法就无效了。

实践：完成《背影》图文混排文档的制作。

任务三 长文档的制作——学习报告的排版与打印

● 任务描述

写一篇5 000字左右的学习报告，并进行如下设置。

（1）设置标题的级别，并为其添加多级编号；

（2）在标题下输入正文内容并设置其格式；

（3）为文本插入页码；

（4）生成目录。

长文档的制作示例效果如图3-42所示。

步骤一　设置页眉和页脚

页眉和页脚是出现在每张打印页的上部（页眉）和底部（页脚）的文本或图形。页眉和页脚通常包含章节标题及页号等，也可以是用户输入的信息（包括图形）。一般书籍、论文和商业文书都会用页眉和页脚来显示文章名称、书名和页码等。

1. 插入页眉

用户可以设置在首页打印一种页眉和页脚，而在所有其他页上打印不同的页眉和页脚，

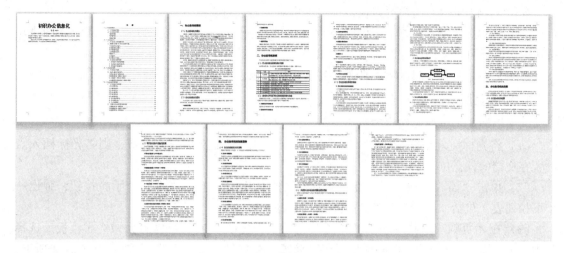

图 3 -42　长文档的制作示例效果

或者在奇数页上打印一种页眉和页脚，而在偶数页上打印另一种页眉和页脚。

为文档插入页眉的操作步骤如下。

（1）将光标插入点置于要插入页眉的节中，如果整个文档没有分节，则将光标插入点放置在文档的任意位置。

（2）单击"插入"选项卡，在"页眉和页脚"组中，单击"页眉"下拉按钮，弹出一个下拉列表，包括"内置""编辑页眉""删除页眉"选项，如图 3 -43 所示。

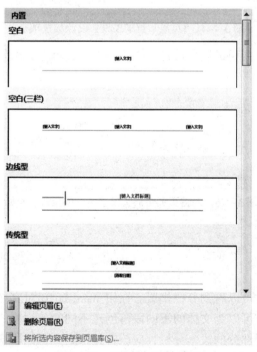

图 3 -43　"页眉"下拉列表

（3）在"页眉"下拉列表的"内置"选项中，包括了多个内置的页眉格式模板。选择其中一个页眉格式模板，即进入页眉编辑区，并且打开了"页眉和页脚工具 - 设计"选项卡，如图3 - 42所示。用户可以在该选项卡中对页眉进行设计。

（4）创建完页眉后，单击"页眉和页脚工具 - 设计"选项卡中的"关闭页眉和页脚"按钮，页眉即可在文档相应的位置显示出来。

在正文中，双击页眉区域的任意位置，可以重新进入页眉编辑状态，对页眉进行编辑。

2. 插入页脚

为文档插入页脚的操作步骤如下。

（1）将光标插入点置于要插入页脚的节中，如果整个文档没有分节，则将光标插入点放置在文档的任意位置。

（2）单击"插入"选项卡，在"页眉和页脚"组中，单击"页脚"下拉按钮，弹出一个下拉列表，包括"内置""编辑页脚""删除页脚"选项。

（3）在"页脚"下拉列表的"内置"选项中，包括了多个内置的页脚格式模板。选择其中一个页脚格式模板，即可进入页脚编辑区，并且打开"页眉和页脚 - 设计"选项卡，如图3 - 44所示。用户可以在该选项卡中对页脚进行设计。

（4）创建完页脚后，单击"页眉和页脚工具 - 设计"选项卡中的"关闭页眉和页脚"按钮，页脚即可在文档相应的位置显示出来。

图3 - 44　"页眉和页脚工具 - 设计"选项卡

小提示：如果要对首页和奇偶页设置不同的页眉、页脚，必须勾选图3 - 45所示的"首页不同"和"奇偶页不同"复选框。

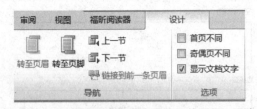

图3 - 45　对首页和奇偶页设置不同的页眉、页脚

步骤二　页面设置

1. 分栏

在报纸、杂志中经常可以看到分栏排版。在用Word 2016对文档分栏时，可以将整篇文档按统一的格式分栏，也可以为文档的不同段落创建不同的分栏格式。默认的是对整篇文档分栏，如果对文档的不同部分的段落分栏，应该首先选定分栏的段落。

（1）在"页面视图"方式下，选定要设置分栏的文本。

（2）选择"页面布局"选项卡，在"页面设置"窗格中，单击"分栏"下拉按钮，从下拉列表中可选择分栏的数量。

（3）在下拉列表中若选择"更多分栏"选项，可以打开"分栏"对话框，如图3－46所示。在"列数"数字框中可以设置列数，最多可以设置11栏，也可以在"预设"区域选择相应的分栏样式。如果选择的栏数多于1栏，也可以勾选"栏宽相等"复选框，或设置不同栏的宽度和间距，也可以设置是否插入分隔线等。另外也可以设置分栏应用的文档范围是"说选文字"还是"整篇文档"。最后单击"确定"按钮，完成分栏。

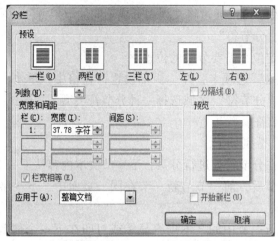

图3－46　"分栏"对话框

若要取消文本的分栏，先选择"页面布局"选项卡，在"页面设置"组中单击"分栏"下拉按钮，从下拉列表中选择"一栏"选项即可。

2. 分页

Word 2016提供了两种分页功能，即自动分页和人工分页。在输入文本时，Word 2016会按照页面设置中的参数，当文字填满一行时自动换行，填满一页后会自动分页产生下一页，这就叫作自动分页。

（1）将光标插入点定位在需要分页的位置。

（2）选择"插入"选项卡，在"页"组中，单击"分页"按钮。在"页面视图"下可以看到在光标插入点的位置已经分成了两页；在"普通视图"下可以看到在光标插入点位置插入了一个分页符，会出现一条贯穿页面的分页符虚线。

（3）也可以选择"页面布局"选项卡，在"页面设置"组中，单击右上角的"分隔符"下拉按钮，在下拉列表的"分页符"区域选择一种分页符类型，如图3－47所示，即可在光标插入点位置插入一个分页符，并显示分页。

（4）也可以通过按"Ctrl + Enter"组合键开始新的一页。在"普通视图"下，选中分页符按Del键可以删除该分页符。

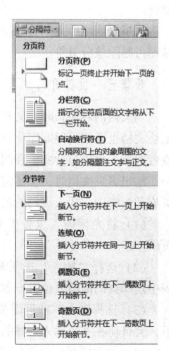

图3－47　分页符和分节符列表

3. 分节

为了便于对同一文档中的不同文本进行不同的格式化，在 Word 2016 中一个文档可以分为多个"节"，"节"是文档格式化的基本单位，每一节都可以设置不同的格式，包括页眉和页脚、段落编号和重新设置页码等。在论文或书籍的编排过程中，有时需要对目录、正文、索引等部分分别编排页码，需要设置每一章都从奇数页开始，有时还需要对不同的章节使用不同的页眉等。这些都可以通过将文档划分成不同的节后方便地实现。划分节实际是在需要划分节的位置插入"分节符"。

（1）将光标插入点定位在需要分节的位置。

（2）选择"页面布局"选项卡，在"页面设置"窗格中，单击右上角的"分隔符"下拉按钮，在下拉列表的"分节符"区域选择一种分节符类型，如图 3–47 所示，即可在光标插入点位置插入一个分节符。

分节符有 4 种类型，分别如下。

（1）下一页：表示在分节符处进行分页，下一节文本内容从下一页开始。

（2）连续：表示分节后，前一节与新一节在同一页面中，下一节的文本内容紧接上一节的节尾。

（3）偶数页：表示新一节中的文本内容显示或打印在下一个偶数页的开始位置。若该分节符已经在偶数页上，则下面的奇数页为一个空页。

（4）奇数页：表示新一节中的文本内容显示或打印在下一个奇数页的开始位置。若该分节符已经在奇数页上，则下面的偶数页为一个空页。

如果为文档插入目录，则在插入目录之前，应在正文前插入一个"下一页"类型分节符。

如果要删除插入的分节符，在"普通视图"下找到分节符，选中该分节符，然后按 Del 键即可删除该分节符。

步骤三　设置页码

当文档内容很长时，文档会包括很多页，设置页码后就能根据页码查找具体页，打印的纸质文档也要按页码顺序装订。页眉和页脚是文档正文以外的信息，它们位于每页文档顶端或者底部，可以包含文字和图形。

输出多页文档时，往往需要插入页码，这样便于文档的查阅。页码可以根据需要放置在页眉和页脚中。插入页码的具体操作步骤如下。

（1）将光标插入点置于要插入页码的节中。如果文档没有分节，则为整个文档插入页码。

（2）选择"插入"选项卡，在"页眉和页脚"组中单击"页码"下拉按钮，从下拉列表中选择页码的插入位置，如图 3–48 所示。

（3）选择其中一种页面位置选项，会继续下拉出页码样式的选项，选择某种页码样式后，会自动在文档插入选择的页码样式。

（4）如果需要设置页码格式，则在"页码"下拉列表中选择"设置页码格式"命令，然后在"页码格式"对话框中进行详细设置，如图 3–49 所示。

图 3-48 "页码"下拉列表

图 3-49 "页码格式"对话框

步骤四 设置目录

Word 2016 具有自动生成目录的功能。因此，当用 Word 2016 撰写论文或编写书稿时，就可以利用该功能生成目录。如果文档的章节发生变化，利用 Word 2016 自动生成的目录还可以随时更新。自动生成的目录具有索引功能，按住 Ctrl 键不放同时选择目录中的一项，Word 2016 就会自动找到该目录项内容的页面，并将光标定位在目录项内容上。

为文档创建目录的方法是：首先为文档设置大纲级别；然后为文档设置目录而插入分节符；最后为文档创建目录。

1. 为文档设置大纲级别

如果论文或书稿分为 3 级大纲，一般将"章"设为"1 级"标题，将"节"设为"2 级"标题，将"小节"设为"3 级"标题，分别对应前面所讲的样式中的"标题 1""标题 2""标题 3"。因此，可以根据前面所设置的样式确定目录内容，也可以通过以下方法设置大纲级别。

（1）切换到"大纲视图"，这时在"大纲工具"窗格中，在"大纲级别"下拉列表框中显示为"正文文本"，整个文档都为"正文文本"，表示文档还没有设置大纲标题。

（2）依次选择每章的标题，并从"大纲级别"下拉列表框中选择"1 级"标题；再依次选择每节的标题，并从"大纲级别"下拉列表框中选择"2 级"标题；之后依次选择每小节的标题，并从"大纲级别"下拉列表框中选择"3 级"标题。根据需要还可以设置"4 级""5 级"等大纲标题。

设置完文档标题后关闭"大纲视图"，回到"页面视图"。

2. 为文档设置目录而插入分节符

一般目录的页面，通过插入分节符与正文分开，并且不与正文使用同一个页码顺序，需要单独排序。

对于书籍类文档的排版，插入目录之前，应在正文前插入"下一页"分节符。

3. 为文档创建目录

为文档设置大纲级别，插入分节符之后即可以创建目录。为文档创建目录的方法如下。

（1）将光标定位到分节符之前的一页。

（2）选择"引用"选项卡，在"目录"窗格中单击"目录"下拉按钮，打开"目录"

下拉列表，如图 3-50 所示。

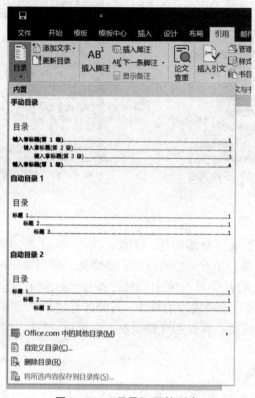

图 3-50 "目录"下拉列表

（3）在"目录"下拉列表中选择"插入目录"命令，打开"目录"对话框，如图 3-51 所示。

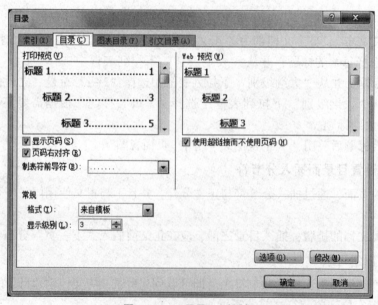

图 3-51 "目录"对话框

（4）在"目录"对话框的"目录"选项卡中，设置目录中所显示的大纲内容。Word 2016默认使用"标题1"到"标题3"的内置样式建立目录，如果标题使用的是其他自定义样式，则需要更改各级目录的样式。

在默认情况下，在"常规"区域，"格式"选择为"来自模板"，"显示级别"选择为"3"。如果采用默认设置，单击"确定"按钮，在文档中就自动生成了目录。

单击"目录"对话框右下角的"选项"按钮，打开"目录选项"对话框，在该对话框中可以设置最终显示的标题级别，如图3－52所示，删除"标题1"，最终只显示"标题2"和"标题3"级别。

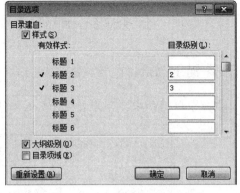

图3－52　"目录选项"对话框

步骤五　打印文档

在按照要求文档编辑后，可以根据需要将文档打印出来，在打印之前可以通过"布局"选项卡中的"页面设置"命令对文档进行页边距和纸张方向等的进一步设置。设置完成后可以选择"文件"菜单中的"打印"命令，进入"打印"界面，选择打印机，进行相关打印参数设置后即可打印，如图3－53所示。

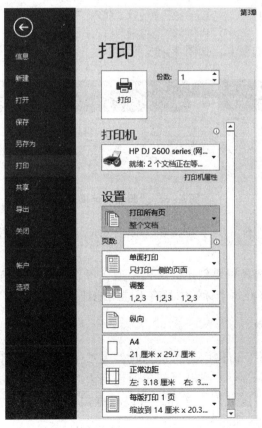

图3－53　打印文档

实践：完成学习报告的写作与制作。

任务四 邮件合并——创建录取通知书

●任务描述

创建录取通知书，合并文档并发送邮件。创建的主文档如图3-54所示。

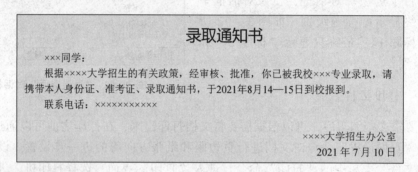

录取通知书

×××同学：

根据××××大学招生的有关政策，经审核、批准，你已被我校×××专业录取，请携带本人身份证、准考证、录取通知书，于2021年8月14—15日到校报到。

联系电话：×××××××××

××××大学招生办公室
2021 年 7 月 10 日

图 3-54 创建的主文档

步骤一 创建主文档

（1）单击"邮件"选项卡，如图3-55所示。

图 3-55 "邮件"选项卡

（2）单击"开始邮件合并"下拉按钮，弹出对应下拉列表如图3-56所示。

（3）从下拉列表中选择想要创建的文档类型，可以选择创建信函、信封、目录、标签（在每个标签中都有不同的地址）等。

步骤二 创建数据源

单击"开始邮件合并"窗格中的"选择收件人"下拉按钮，可以选择"新建地址列表"命令，弹出"新建地址列表"对话框，如图3-57所示。单击"自定义列"按钮，可以根据需要设置列名，然后输入数据，如图3-58所示。

图 3-56 开始邮件合并"下拉列表

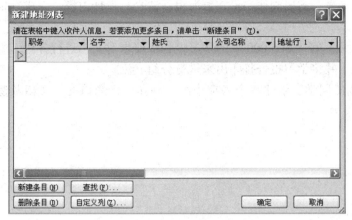

图 3-57 "新建地址列表"对话框　　　　图 3-58 邮件合并数据源文档

步骤三 插入合并域

将光标移到主文档中需要插入合并域的位置，如选择"同学"前面的"×××"；单击"邮件"选项卡的"编写和插入域"窗格中的"插入合并域"下拉按钮，如图 3-59 所示。

从下拉列表中选择"姓名"域，将其插到"同学"前面。用同样的方法将"录取专业"域插到"专业"前面。

步骤四 合并文档

完成设置后，单击"完成"窗格中的"完成并合并"下拉按钮，如图 3-60 所示。从下拉列表中可以选择"编辑单个文档"命令，此时会为收件人列表中的每个条目创建独立的页面。

图 3-59 "插入合并域"下拉按钮　　　图 3-60 "合并文档"下拉按钮

选择"打印文档"命令能够将文档打印出来，选择"发送电子邮件"命令能够将每个页面作为一封电子邮件发送。至此邮件合并完成。

> 实践：完成录取通知书的制作，并合并邮件发送给小组中的同学。

课后练习

（1）设计一份学习简历表格，介绍你的学习经历，要求图文并茂、简洁美观。

（2）创新创业活动中心周末聘请了学校的创新创业导师讲解创新创业大赛的相关知识，

你作为创新创业活动中心的宣传人员，需要制作一份宣传海报，请自行设计内容，完成宣传海报的制作，要求图文并茂。

（3）选择一门本学期所学课程，写一篇 5 000 字的学习报告，要求对文档进行分栏、编号，设置页眉、页脚，生成目录，并将学习报告打印出来进行分组交流。

（4）邀请与你具有相同兴趣的同学，组建一个兴趣小组。制作一份邀请的主文档及邀请名单的数据源，进行邮件合并。

项目四

电子表格软件

【学习目标】

• 了解常用的电子表格软件及其功能。

• 熟悉 Excel 工作簿、工作表的操作方法，单元格格式、条件格式以及自定义序列的应用方法和技巧。

• 掌握 Excel 公式与函数的应用，把握 SUM（）、AVERAGE（）、MAX（）、MIN（）、VLOOKUP（）、RANK（）、SUMIFS（）等常用函数的应用技巧；掌握 Excel 外部数据引用，数据排序、筛选、分类汇总的数据处理与操作方法和技巧；掌握图表及其格式化、数据透视表、页面设置与打印的操作方法和技巧。

Excel 电子表格软件是微软公司开发的 Office 办公软件中的重要组件，使用它可以快速实现数据的整理、统计和分析等多项工作，还可以生成精美直观的表格、图表，方便用户打印输出。

任务一　电子表格基本操作——制作学生信息表

●任务描述

新学期伊始，高一（11）班的班主任助理赵老师需要对本班学生的入学信息和成绩进行录入并分析（图 4–1）。

（1）将"学生信息表 1"工作表的颜色设置为紫色。复制"学生信息表 1"并修改名称为"学生信息表 2"，将工作表的颜色设置为绿色。

（2）在"学生信息表 2"中输入标题"学生信息表"，设置相应的字体、字号，合并后居中；删除"学号""姓名""入学日期""性别"字段的值，录入"学号"和"入学日期"数据，设置学号为文本型数据，调整入学日期格式为"××××年××月××日星期×"。

（3）调整行高、列宽，设置单元格格式、边框和底纹等。

（4）把"姓名"字段中的所有学生姓名自定义成序列，以便后期调用该数据。

（5）将"性别"字段数值区域设置为下拉列表，可手动选择"男"或"女"的形式。

（6）设置条件格式，将所有小于或等于 60 分的学生成绩设置为绿底红字，将 60~89 分范围内的成绩设置为深蓝加粗显示，将大于或等于 90 分的成绩设置为黄底绿字。

步骤一　工作簿操作

Excel 工作簿是进行数据存储、运算、格式化等操作的文件，工作簿名就是文件名，用户在 Excel 中处理的各种数据最终都以工作簿文件的形式存储在磁盘上，启动 Excel 后将创

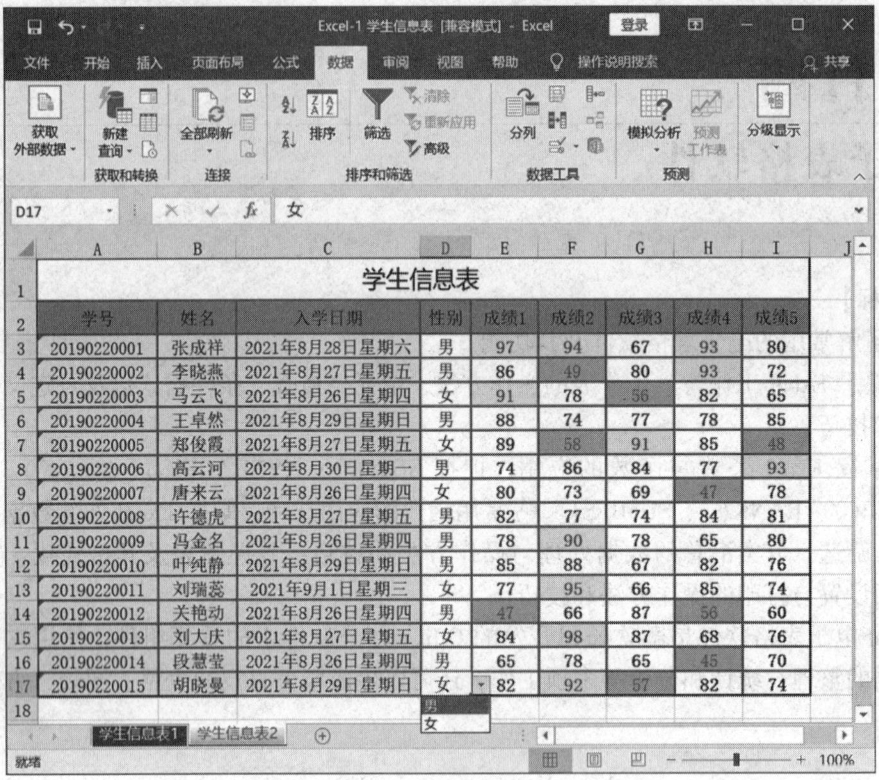

图 4-1　学生信息表

建空白工作簿，即自动建立一个名为"工作簿1"的工作簿，其扩展名为".xlsx"。

　　工作簿是由工作表组成的，每个工作簿最多包含255个工作表。每个工作表都是存入某类数据的表格或者数据图表。工作表是不能单独存盘的，只有工作簿才能以文件的形式存盘。

　　工作簿的操作主要包括工作簿的新建、打开、保存、关闭、并排查看和拆分。Excel 工作界面如图 4-2 所示。

1. 新建工作簿

　　要创建一个新的工作簿，可以在启动 Excel 后自动建立一个文件名为"工作簿1"的新工作簿，也可以使用"Ctrl + N"组合键或者选择"文件"菜单中的"新建"命令新建工作簿。同样可以基于样品模板、Office. com 模板创建一个新工作簿，如图 4-3 所示。

2. 打开与切换工作簿

　　要打开一个已经保存过的工作簿，可以找到需要打开的工作簿，双击扩展名为".xlsx"的工作簿将其打开，也可使用"文件"菜单中的"打开"命令，或者在"文件"菜单中单击"最近使用的文件"（在默认状态下显示25个最近打开过的文件，用户可以通过"文件"菜单中的"选项"命令打开"Excel 选项"对话框，如图 4-4 所示，然后在"高级"界面中修改这个数目），即可打开相应的工作簿。

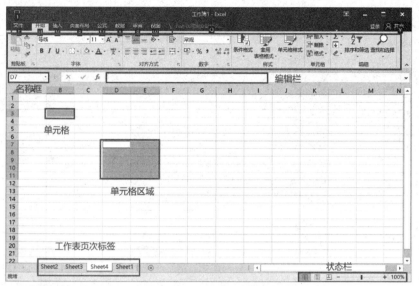

图 4-2　Excel 工作界面

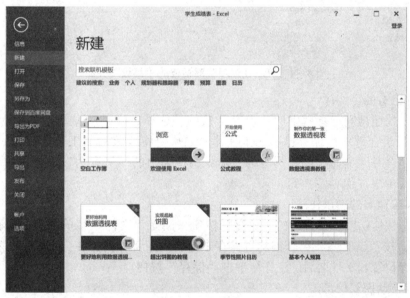

图 4-3　新建工作簿

　　Excel 允许同时打开多个工作簿。可以在不关闭当前工作簿的情况下打开其他工作簿。可以在不同工作簿之间进行切换，单击"视图"选项卡的"窗口"组的"切换窗口"下拉按钮，出现下拉列表后，可以快速选择需要编辑的工作簿，同时对多个工作簿进行操作。

3. 保存工作簿

　　Excel 工作簿编辑完成后，要将它保存在磁盘中，以便今后使用。选择文件位置后输入文件名，再选择保存的文件类型即可。Excel 工作簿的扩展名为".xlsx"，Excel 模板的扩展名为".xltx"。Excel 97-2003 工作簿兼容模式，其对应的扩展名为".xls"".xlt"。保存Excel 工作簿主要有 3 种情况：保存已有的工作簿、保存未命名的新工作簿、保存自动恢复信息的工作簿。

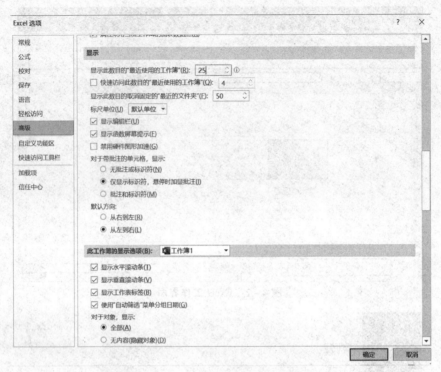

图 4 - 4 "Excel 选项" 对话框的 "高级" 界面

1）保存已有的工作簿

通过单击快速访问工具栏中的"保存"按钮、选择"文件"菜单中的"保存"命令、按"Ctrl + S"组合键均可保存已有的工作簿。如果要将修改后的工作簿存为另一个文件，则需要选择"文件"菜单中的"另存为"命令，在弹出的"另存为"对话框中确定保存位置和文件名后单击"保存"按钮。

2）保存未命名的新工作簿

通过单击快速访问工具栏中的"保存"按钮、选择"文件"菜单中的"保存"或"另存为"命令、按"Ctrl + S"组合键均可保存未命名的新工作簿，在弹出的"另存为"对话框中确定保存位置和文件名后的工作簿单击"保存"按钮。

3）保存自动恢复信息

在操作过程为了防止突然断电造成信息丢失，可通过选择"文件"菜单中的"选项"命令打开"Excel 选项"对话框，在"保存"界面确定自动保存恢复信息时间间隔以及自动恢复文件位置，如图 4 - 5 所示。

Excel 保存自动恢复信息的间隔时间默认为 10 分钟，可设置范围为 1 ~ 120 分钟，必须是整数。若没有及时保存，在退出 Excel 或关闭当前工作簿时，系统会弹出提示是否保存的对话框，单击"是"按钮也可保存。

4. 关闭工作簿

关闭 Excel 工作簿的方法有：选择"文件"菜单中的"关闭"命令；单击选项卡最右端的"关闭窗口"按钮；单击标题栏最右端的"关闭"按钮；选择"文件"菜单中的"退出"命令；按"Alt + F4"或"Ctrl + F4"组合键。

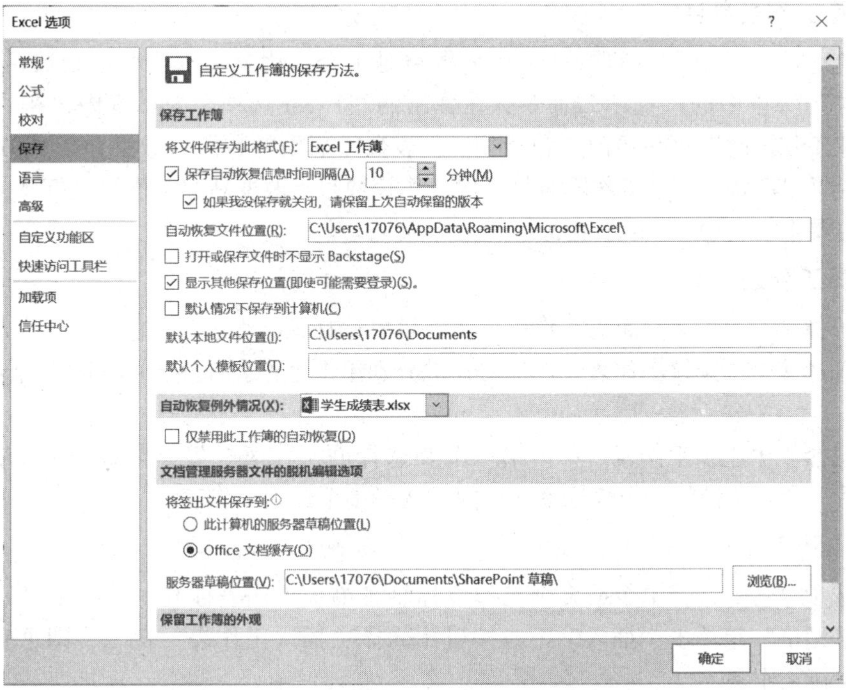

图 4-5 "Excel 选项"对话框的"保存"界面

5. 并排查看工作簿

打开需要并排查看的任意工作簿，单击"视图"选项卡的"窗口"功能组的"并排查看"按钮。弹出"并排查看"对话框，选择需要并排查看的工作簿即可。在并排查看状态下，当滚动显示一个工作簿的内容时，并排查看的其他工作簿也将随之进行滚动，以方便同步查看。

6. 拆分工作簿

选择需要拆分的单元格位置后，单击"视图"选项卡的"窗口"功能组的"拆分"按钮。拆分工作簿操作可以将工作簿拆分为多个窗格，每个窗格都可以单独进行操作，这样有利于在数据量比较大的工作簿中查看数据的前后对照关系。

步骤二 工作表操作

工作表（Sheet）是工作簿的重要组成部分，是组织和管理数据的地方，用户可以在工作表中输入数据、编辑数据、设置数据格式等。工作表的横向为行，纵向为列。每行用数字标识，数字范围为 1~1 048 576，数字标识称作行号；每列用字母标识，从 A，B，…，Z，AA，…一直到 XFD，字母标识称作列标。行、列交叉部分称为单元格，列标在前，行号在后，表示为 A1，B10 等，每个工作表中最多可有 1 048 576×16 384 个单元格。

Excel 工作表的操作主要包括设置工作表数目、选择工作表、插入新工作表、删除工作表、重命名工作表、移动工作表、复制工作表、隐藏或取消隐藏工作表、冻结工作表窗格等。

1. 设置工作表数目

Excel 启动后，系统默认打开的工作表数目是 1 个，用户可以改变这个数目，方法是：选择"文件"菜单中的"选项"命令，在弹出的"Excel 选项"对话框中，在"常规"界面的"新建工作簿时"区域更改"包含的工作表数"后面的数值（数字介于 1~255 之间），这样就设置了以后每次新建工作簿时打开的工作表数目。改变新建工作簿时打开的工作表数目以后，需要重新启动 Excel 才生效。

2. 选择工作表

（1）选择单个工作表。单击工作表标签，可以选择该工作表为当前工作表。

（2）选择多个不连续工作表。按住 Ctrl 键分别单击工作表标签，可同时选择多个不连续工作表。

（3）选择多个连续工作表。单击第一个要选择的工作表标签，然后按住 Shift 键不放，再单击最后一个要选择的工作表标签，可同时选择多个连续工作表。

3. 插入新工作表

（1）选项卡法。选择单个或多个工作表标签，单击工作表标签，然后在"开始"选项卡中的"单元格"组单击"插入"下拉按钮并选择"插入工作表"命令，即可在当前工作表左侧插入新工作表。

（2）右键法。选择单个或多个工作表标签，用鼠标右键单击工作表标签，在快捷菜单中选择"插入"命令，将弹出"插入"对话框，选择常用工作表或电子表格方案。

（3）按钮法。单击"新工作表"按钮，即可在当前工作表左侧插入新工作表。

4. 删除工作表

（1）选项卡法。选择要删除的工作表，在"开始"选项卡中的"单元格"组单击"删除"下拉按钮，选择"删除工作表"命令。

（2）右键法。用鼠标右键单击要删除的工作表标签，选择快捷菜单中的"删除"命令。

5. 重命名工作表

（1）选项卡法。在"开始"选项卡中的"单元格"组单击"格式"下拉按钮，选择"重命名工作表"命令。

（2）右键法。用鼠标右键单击需要改名的工作表标签，然后选择快捷菜单中的"重命名"命令，输入新的工作表名称即可。

（3）双击法。双击相应的工作表标签，输入新名称覆盖原有名称即可。

6. 移动或复制工作表

用户既可以在同一个工作簿中移动或复制工作表，也可以在不同的工作簿之间移动或复制工作表。

1）在同一个工作簿中移动或复制工作表

（1）鼠标拖拽法。在当前工作簿中移动工作表，可以沿工作表标签栏拖动选择的工作表标签；如果要在当前工作簿中复制工作表，则需要在拖动工作表到目标位置的同时按住 Ctrl 键。

（2）选项卡法。选择原工作表，单击"开始"选项卡中"单元格"组的"格式"下拉按钮，选择"移动或复制工作表"命令，在"移动或复制工作表"对话框的"下列选定工作表之前"列表框中，单击需要在其前面插入移动或复制工作表的工作表；如果要复制工作表，则需要勾选"建立副本"复选框，单击"确定"按钮即可。

2）在不同的工作簿之间移动或复制工作表

打开已有的工作簿和用于接收工作表的目标工作簿，在已有工作簿中选择工作表，单击"开始"选项卡中"单元格"组的"格式"下拉按钮，选择"移动或复制工作表"命令，然后在打开的对话框的"工作簿"下拉列表中，选择用于接收工作表的工作簿，在该对话框的"下列选定工作表之前"列表框中，单击需要在其前面插入移动或复制工作表的工作表；如果要复制工作表，则需要勾选"建立副本"复选框，单击"确定"按钮即可。

7. 隐藏或取消隐藏工作表

（1）隐藏工作表。一种方法时是用鼠标右键单击需要隐藏的工作表标签，选择"隐藏"命令；另一种方法是选择需要隐藏的工作表，单击"开始"选项卡中"单元格"组的"格式"下拉按钮，选择"隐藏和取消隐藏"→"隐藏工作表"命令，可同时隐藏多个工作表。

（2）取消隐藏工作表。单击"开始"选项卡中"单元格"组的"格式"下拉按钮，选择"隐藏和取消隐藏"→"取消隐藏工作表"命令，打开"取消隐藏"对话框，在"取消隐藏工作表"列表框中，选择需要显示的被隐藏工作表的名称，单击"确定"按钮即可重新显示该工作表。

8. 冻结工作表窗格

选择需要作为冻结拆分中心的单元格后，单击"视图"选项卡中"窗口"组的"冻结窗格"下拉按钮，选择"冻结拆分窗格"命令。当数据量比较大时，可以通过冻结工作表来冻结需要固定的表头，以方便在不移动表头所在行、列的情况下，查看距离表头比较远的数据。

步骤三 数据编辑操作

Excel 数据编辑操作主要包括文本型数据，数值型数据，日期和时间型数据，自动填充数据，等差、等比数列，自定义序列等数据的输入，以及数据的有效性设置。

1. 单元格和单元格区域

单元格就是工作表中行和列交叉的部分，是工作表最基本的数据单元。单元格区域指的是由多个相邻单元格形成的矩形区域，其表示方法由该区域的左上角单元格地址、冒号和右下角单元格地址组成，如 A1：F4。

2. 单元格数据的输入

Excel 单元格中常用的数据类型包括文本型、数值型、日期和时间型、公式与函数等类型。

在 Excel 单元格中输入或编辑数据时可单击该单元格，直接输入数据；也可在编辑栏中输入或编辑当前单元格的数据；还可以双击单元格，单元格内出现插入光标，移动光标到所需位置，即可进行数据的输入或编辑修改。如果要同时在多个单元格中输入相同的数据，可先选择相应的单元格，编辑数据，按"Ctrl + Enter"组合键，即可在这些单元格中同时输入相同的数据。

1）文本型数据

文本型数据可以是数字、字母、汉字、字符、空格等，也可以是这些内容的组合。如学号、邮政编码、身份证号等，它们都被视为文本型数据。文本型数据默认左对齐。

输入时注意：如果把数字作为文本输入（如身份证号、学号、电话号码、=3＋7、3/7等），应先输入一个半角字符的单引号"'"再输入相应的字符。

2）数值型数据

数值型数据除了数字0~9外，还包括＋（正号）、－（负号）、（,）、（千分位号）、.（小数点）、/、$、%、E、e等特殊字符。数字型数据默认右对齐。

输入分数时，应在分数前输入"0"及一个空格，如输入分数4/3时应输入"0 4/3"。如果直接输入"4/3"或"04/3"，则系统将把它视作日期，认为是4月3日；输入负数时，应在负数前输入负号，或将其置于括号中。如输入–6时应输入"–6"或"(6)"；数据可用千分位号","隔开，如输入"11,001"；如果单元格使用默认的"常规"数字格式，Excel会将数字显示为整数、小数，当数值长度超出单元格宽度时则以科学记数法表示。

3）日期和时间型数据

Excel日期的格式为"年–月–日""日–月–年"和"月–日"，日期和时间型数据默认右对齐。

一般情况下，日期分隔符使用"/"或"–"。例如，2021/5/16、2021–5–16、16/May/2021或16–May–2021都表示2021年5月16日。如果只输入月和日，Excel就取计算机内部时钟的年份作为默认值。例如，在当前单元格中输入"5–16"或"5/16"，按Enter键后显示"5月16日"，当再把刚才的单元格变为当前单元格时，在编辑栏中显示"2021–5–16"。

时间分隔符一般使用冒号":"。例如，输入"8：0：1"或"8：00：01"都表示8点零1秒。可以只输入时和分，也可以只输入小时数和冒号，还可以输入小时数大于24的时间数据。如果要基于12小时制输入时间，则在时间（不包括只有小时数和冒号的时间数据）后输入一个空格，然后输入"AM"或"PM"，用来表示上午或下午，否则，Excel将基于24小时制计算时间。

如果要输入当天的日期，则按"Ctrl＋';'（分号）"组合键。如果要输入当前的时间，则按"Ctrl＋Shift＋';'（分号）"组合键。如果在单元格中既输入日期又输入时间，则中间必须用空格隔开。

4）自动填充数据

利用Excel的自动填充数据功能可以填充相同数据、等比数列、等差数列、日期和时间序列、自定义序列。

（1）自动填充是根据初值决定以后的填充项，方法是将鼠标移到初值所在的单元格填充柄上，当鼠标指针变成黑色"十"字形时，按住鼠标左键拖动到所需的位置，松开鼠标左键即可完成自动填充。

（2）初值为纯数字型数据或文字型数据时，拖动填充柄在相应单元格中填充相同数据。若在拖动填充柄的同时按住Ctrl键，可使数值型数据自动增1。

（3）若初值为文本型数据和数值型数据的混合体，填充时文字不变，数字递增（减）。如初值为A1，则填充值为A2，A3，A4等。

（4）初值为日期和时间型数据及具有增减可能的文字型数据时，则自动增1。若在拖动填充柄的同时按住 Ctrl 键，则在相应单元格中填充相同数据。

（5）若初值为 Excel 预设的自定义序列中的数据，则按预设序列填充。

5）等差数列、等比数列

先在起始单元格输入序列的初始值，再选定相邻的另一单元格，输入序列的第二个数值，这两个单元格中数值的差将决定该序列的增长步长。选择包含初始值和第二个数值的单元格，用鼠标拖动填充柄经过待填充区域。如果要按升序排列，则从上到下或从左到右填充。如果要按降序排列，则从下到上或从右到左填充。

在单元格中输入起始值"2"，单击"开始"选项卡中"编辑"组的"填充"下拉按钮，选择"序列"选项，打开"序列"对话框，产生一个序列，在对话框的"序列产生在"区域选择"列"选项，选择序列类型为"等差数列"，然后在"步长值"框中输入数字"6"，在"终止值"框中输入"128"，最后单击"确定"按钮，就会看到图4-6所示的结果。

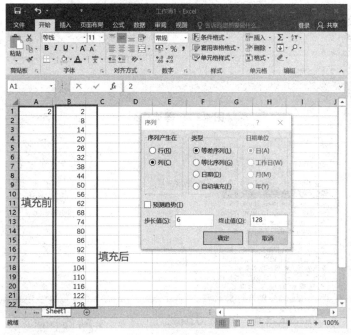

图4-6 等差序列

选择序列类型为"等比数列"，然后在"步长值"框中输入数字"4"，在"终止值"框中输入"1024"，最后单击"确定"按钮，就会看到如图4-7所示的结果。

6）自定义序列

用户可以通过工作表中现有的数据项或输入序列的方式创建自定义序列，并可以保存起来供以后使用。

（1）使用现有数据创建自定义序列。

如果已经输入将要用作填充序列的数据清单，则可以先选择工作表中相应的数据区域，单击"文件"菜单中的"选项"命令，打开"Excel 选项"对话框，选择"高级"界面中的"常规"区域单击"编辑自定义列表"按钮，弹出"自定义序列"对话框，单击"导入"按钮，即可使用现有数据创建自定义序列，如图4-8所示。

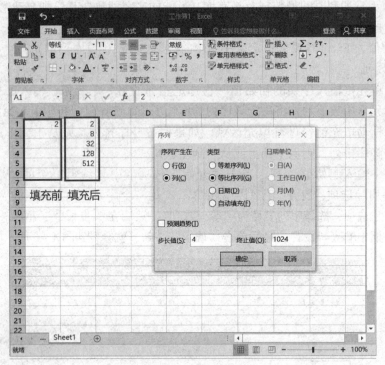

图 4 – 7　等比序列

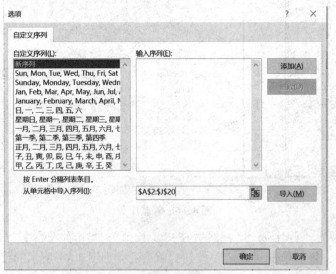

图 4 – 8　使用现有数据创建自定义序列

（2）使用输入序列方式创建自定义序列。

在"自定义序列"对话框中的"输入序列"编辑列表框中，从第一个序列元素开始输入数据，在输入每个数据后，按 Enter 键，整个序列输入完毕后，单击"添加"按钮。

3. 数据的有效性

通过 Excel 数据的有效性可以对指定的区域创建数据有效性下拉列表。数据有效性又称为数据验证。其功能强大，可以设置整数、小数、序列、日期、时间等不同类型数据的有效值，当不满足设定的有效值时，会弹出相应的警告信息，也可以创建数据有效性下拉列表，方便用户选择数据。数据有效性验证如图4-9所示。

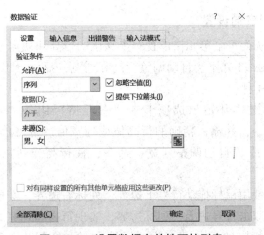

图4-9 数据有效性验证

　　用户在使用Excel处理数据时，当遇到有选择性的问题时，需要一个按钮来帮助选择想要的数据，该方法方便快捷。接下来以"性别"字段为例，设置数据有效性下拉列表。

　　首先选择需要设置数据有效性下拉列表的单元格区域C3：C7，单击"数据"选项卡下"数据工具"组中的"数据验证"下拉按钮，弹出"数据验证"对话框，如图4-10所示。在"允许"下拉列表中选择"序列"选项，勾选"忽略空值""提供下拉按钮"复选框，来源为"男，女"（注意使用英文半角状态的逗号），除此之外，来源设置还可以是对已有单元格数据的引用（如C3：C4）。

图4-10 设置数据有效性下拉列表

步骤四 格式设置操作

1. 单元格、单元格区域的选择

在使用Excel执行大多数命令或任务之前，都要先选择相应的单元格或单元格区域。常用的选择操作见表4-1。

表4-1 常用的选择操作

选择内容	具体操作
整行	单击行号
整列	单击列标
单个单元格	单击相应的单元格，或用箭头键移动到相应的单元格
单元格区域	单击该区域的第一个单元格，然后拖动鼠标直到最后一个单元格，或按住 Shift 键单击该区域的最后一个单元格
工作表中的所有单元格	单击"全选"按钮
不相邻的单元格或单元格区域	先选择第一个单元格或单元格区域，然后按住 Ctrl 键再选择其他单元格或单元格区域
相邻的行或列	沿行号（列标）拖动鼠标；或选择第一行（第一列）后按住 Shift 键再选择其他行或列
不相邻的行或列	先选择第一行（第一列），然后按住 Ctrl 键再选择其他行或列
增加或减少活动区域的单元格	按住 Shift 键并单击新选择区域的最后一个单元格
已定义名称的单元格或单元格区域	从编辑栏的名称框中选择已定义的名称

2. 单元格行高和列宽的设置

创建工作表时，系统为每个单元格设置一个默认的行高和列宽。如果输入的内容超过了单元格的行高和列宽，Excel 并不会自动调整行高和列宽，显示会出现异常。Excel 中设置行高和列宽的操作方法有4种。

（1）选项卡法。单击"开始"选项卡中"单元格"组的"格式"下拉按钮，选择"行高"或"列宽"命令，并输入精确的行高值或列宽值。也可单击"格式"下拉按钮后选择"自动调整行高"或"自动调整列宽"命令，使行高或列宽根据单元格中的内容自动调整。

（2）鼠标拖拽法。使用鼠标拖动行号下边界、列标右边界，实现行高和列宽的调整。

（3）鼠标双击法。双击行号边界、列标边界，实现行高和列宽的调整。

（4）右键法。选定相应的行或列，单击鼠标右键，在弹出的快捷菜单中选择行高或列宽。

3. 单元格格式的设置

单元格的数据格式包括数字、对齐、字体、边框、填充和保护6个部分。单元格数据的格式化必须先选择要进行格式化的单元格或单元格区域，然后进行相应的操作，也就是遵循

"先选后做"的原则。对单元格数据的格式化操作一般使用"设置单元格格式"对话框设置、使"开始"选项卡中"字体""对齐方式""数字"组设置、使用格式刷复制3种方法。

1)"设置单元格格式"对话框

设置单元格格式遵循"先选后做"的原则，用鼠标右键单击选择要格式化的单元格或单元格区域，在快捷菜单中选择"设置单元格格式"命令，弹出"设置单元格格式"对话框，如图4-11所示。

图4-11 "设置单元格格式"对话框

(1)"数字"选项卡：可以对数值、货币、日期和时间等多种数据类型进行相应的常见显示格式设置，如果分类中没有用户需要的格式，可以选择"自定义"选项，根据需求定义新格式。

(2)"对齐"选项卡：可以对数据进行对齐方式、文本控制以及方向的格式设置。

(3)"字体"选项卡：可以对数据的字体、字形、字号、颜色等进行设置。

(4)"边框"选项卡：可以对单元格的边框及边框线条样式、颜色等进行设置，遵循设置的先后顺序，先定义线条样式和颜色，再添加边框，如图4-12所示。

(5)"填充"选项卡：可以对单元格或区域底纹的颜色和图案等进行设置。

(6)"保护"选项卡：可以对单元格进行锁定和隐藏。

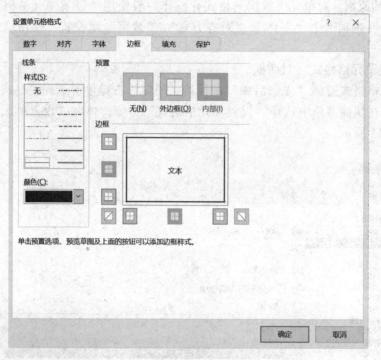

图4－12 "边框"选项卡

2）选项卡中格式设置

遵循"先选后做"的原则，先选择要格式化的单元格或单元格区域，然后单击"开始"选项卡中"字体""对齐方式""数字"组中相应的按钮即可，如图4－13所示。

图4－13 "开始"选项卡

3）自动套用格式

Excel为用户准备了工作表格式，使用该功能通过单击"开始"选项卡下"样式"组中的"套用表格格式"下拉按钮，在弹出的列表（图4－14）中选择一种格式，指定格式就被套用到选定的单元格区域中。

4）条件格式

在工作表中，有时为了突出显示满足条件的数据，可以设置单元格或单元格区域的条件格式。

选择数据区域，单击"开始"选项卡下"样式"组中的"条件格式"下拉按钮，选择"管理规则"命令（图4－15），弹出"条件格式规则管理器"对话框，单击"新建规则"按钮，弹出"新建格式规则"对话框，设置相应的条件，完成操作关闭对话框即可。

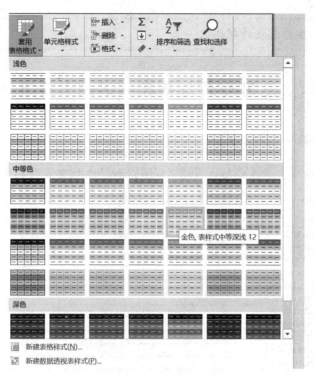

图 4-14　表格格式列表

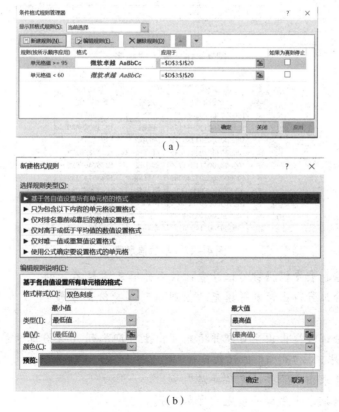

（a）

（b）

图 4-15　"管理规则"命令

> 实践：完成学生信息表的制作。

任务二 使用公式与函数——制作学生成绩表

●任务描述

Excel 中存在两张表：学生成绩表（图4-16）和学生信息表（图4-17）。根据要求完成学生成绩表的填充。

	A	B	C	D	E	F	G	H	I	J	K
1	学号	身份证号	姓名	性别	出生日期	年龄	平均成绩	期末成绩	名次	是否优秀	班级
2	210205201	100000200202050029									
3	210205202	100000200312031138									
4	210205203	100000200204280349									
5	210205204	100000200208234649									
6	210205205	100000200211115746									
7	210205206	100000200205243209									
8	210205207	1000002003041 3120									
9	210205208	100000200202064671									
10	210205209	100000200108173787									
11	210205210	100000200210070823									
12	总人数										
13	男生人数										
14	平均成绩										
15	总成绩										
16	最高分										
17	最低分										

图4-16 学生成绩表

	A	B	C	D
1	序号	身份证号	姓名	联系电话
2	1	100000200202050029	王晓光	18035671128
3	2	100000200312031138	张帆	18239089089
4	3	100000200204280349	朱明敏	13912345678
5	4	100000200208234649	韩佳贤	13327898273
6	5	100000200211115746	刘玉发	18767467892
7	6	100000200205243209	马红丽	17898747389
8	7	10000020030413120	高亚峰	13473987281
9	8	100000200202064671	谭思飞	16574893293
10	9	100000200108173787	张瑶	13123456783
11	10	100000200210070823	李莉莉	15238748299

图4-17 学生信息表

（1）从学生信息表中根据身份证号查询姓名并填充"姓名"列。

（2）根据身份证号得出性别并填充"性别"列（身份证号第17位为奇数时则为男，为偶数时则为女）。

（3）根据身份证号得出出生日期并填充"出生日期"列（身份证号第7~10位代表年，第11、12位代表月，第13、14位代表日）。

（4）按出生年求出年龄并填充"年龄"列。

（5）按出生日期求出年龄并填充"年龄"列。

（6）按照"学期成绩=50%×平时成绩+50%×期末成绩"填充"学期成绩"列。

（7）按照学期成绩由高到低填充"名次"列。

（8）按照学期成绩≥85分为优秀填充"是否优秀"列。

（9）学号第4位和第5位代表班级。按照"01"代表软件一班，"02"代表软件二班，"03"代表软件三班填充"班级"列。

（10）利用COUNT( )、COUNTIFS( )、AVERAGE( )、SUM( )、MAX( )、MIN( )函数分别计算总人数、男生人数、学期成绩的平均成绩、学期成绩的总成绩、学期成绩的最高分和最低分。

填充效果如图4－18所示。

	A	B	C	D	E	F	G	H	I	J	K	L
1	学号	身份证号	姓名	性别	出生日期	年龄	平时成绩	期末成绩	学期成绩	名次	是否优秀	班级
2	210205201	100000200202050029	王晓光	女	2002年2月5日	19	97	99	98	1	是	软件一班
3	210205202	100000200312031138	张帆	男	2003年12月3日	18	89	97	93	4	是	软件一班
4	210205203	100000200204280349	朱明敏	女	2002年4月28日	19	98	95	96.5	2	是	软件一班
5	210205204	100000200208234649	韩佳贤	女	2002年8月23日	19	80	85	82.5	9	否	软件一班
6	210205205	100000200211115746	刘玉发	男	2002年11月11日	19	83	84	83.5	8	否	软件一班
7	210205206	100000200205243209	马红丽	男	2002年5月24日	19	93	94	93.5	3	是	软件一班
8	210205207	10000020030413120	高亚峰	男	2003年4月13日	18	85	89	87	7	是	软件一班
9	210205208	100000200202064671	谭思飞	女	2002年2月6日	19	78	84	81	10	否	软件一班
10	210205209	100000200108173787	张瑶	男	2001年8月17日	20	86	92	89	5	是	软件一班
11	210205210	100000200210070823	李莉莉	女	2002年10月7日	19	92	84	88	6	是	软件一班
12	总人数			10								
13	男生人数			5								
14	平均成绩								89.2			
15	总成绩								892			
16	最高分								98			
17	最低分								81			
18												

图4－18　填充效果

步骤一　使用运算符

Excel包含4类运算符——算术运算符、比较运算符、文本运算符和引用运算符，见表4－2。

表4－2　Excel中的运算符

运算符分类	包含		返回值或说明	举例	结果
算术运算符	+、-、*、/、%、^		数值型数据	2＋2^5	34
比较运算符	=、>、<、>=、<=		True、False	1＜9	True
文本运算符	&		文本型数据	1999&"年"&10&"月"	1999年10月
引用运算符		冒号	合并多个单元格区域	B2：F4	引用B2~F4之间所有单元格
		逗号	多个引用合并一个引用	SUM(B2：F4,C5：D6)	求两个单元格区域之和
		空格	产生同时属于两个引用的单元格区域的引用	SUM(B2：F4 C5：D6)	求两个单元格区域的公共部分之和

步骤二 单元格引用

单元格引用是把单元格的数据和公式联系起来，标识工作表中的单元格或单元格区域，指明公式中使用数据的位置。

（1）相对引用：单元格引用时会随着公式所在位置的变化而变化，公式的值将会依据更改后的单元格地址重新计算。

（2）绝对引用：公式中的单元格或单元格区域地址不随公式位置的改变而发生改变，行标、列号前都有"＄"，例如"＄B＄2"。

（3）混合引用：公式中的单元格或单元格区域地址部分相对引用，部分绝对引用，例如"＄B2，B＄2"。

（4）三维地址引用：引用不同工作簿、不同工作表中的单元格，可表示为"［工作簿名］工作表名！单元格"，例如"［a. xlsx］学生信息表！＄A＄1：＄B＄3"，表示引用"a. xlsx"文件中的学生信息表中的 A1～B3 区域。

常见的单元格引用见表 4-3。

表 4-3　常见的单元格引用

引用标识	引用的单元格和区域
B2	第 B 列第 2 行处的单元格
B2：B4	第 B 列第 2 行～第 4 行之间的单元格区域
B2：F4	第 B 列第 2 行～第 F 列第 4 行之间的单元格区域
2：2	第 2 行全部单元格区域
2：4	第 2 行～第 4 行之间的全部单元格区域
B：B	第 B 列全部单元格区域
B：F	第 B 列～第 F 列之间的全部单元格区域
［工作簿 1］Sheet1！B2：F4	工作簿 1 中 Sheet1 工作表中第 2 行 B 列～第 4 行 F 列之间的单元格区域

在单元格引用的过程中，还可以通过定义名称，对特定的单元格区域进行引用。选择要引用的单元格区域，单击"公式"选项卡下"定义的名称"组中的"定义名称"下拉按钮，选择"定义名称"命令，弹出"新建名称"对话框，如图 4-19 所示，输入定义的名称、名称的使用范围、引用的位置即可完成名称定义。可以通过定义的名称完成公式的输入。图 4-19 所示为定义 Sheet1 中 A1～G14 单元格区域名称为"学生信息"，并将名称使用范围设定为整个工作簿。

步骤三 函数的使用

Excel 中提供了许多内置函数，有财务函数、逻辑函数、文本函数、日期和时间函数、查找和引用函数、数学和三角函数等上百种函数，为用户在 Excel 中进行数据运算和分析带来极大的方便。

每个函数都是由函数名（不区分大小写）、一对英文小括号和参数组成的。输入函数时需要先输入"＝"，然后输入函数名和相关参数，最后按 Enter 键即可得到结果。例如，在单元格 A1 中输入"＝SUM(B2:F4)"，按 Enter 键得到 B2～F4 单元格区域的和。

输入函数有以下两种方法。

（1）从键盘直接输入函数。

（2）使用"插入函数"对话框，如图 4 – 20 所示。

图 4 – 19　"新建名称"对话框

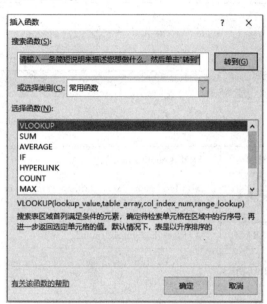

图 4 – 20　"插入函数"对话框

计算过程中有时会出现计算错误，不能正常显示运算结果，见表 4 – 4。

表 4 – 4　Excel 中常见的错误信息

A 列值	B 列值	函数引用	错误值	可能原因
3	—	＝RANK. EQ(A1,A2:A4,0)	#VALUE!	使用了错误的参数或者运算对象，或者公式自动更正功能不能更正公式
2	3	＝SUN(A3:B3)	#NAME?	公式中使用了 Excel 不能识别的文本
0	5	＝B4/A4	#DIV/0!	公式被 0 整除
协和	—	＝VLOOKUP (A5,B:B,1,0)	#N/A	值不可用
—	—	＝REF! B6	#REF!	单元格引用无效
1.00E + 95	1.00E – 90	＝A7/B7/B7/B7	#NUM!	函数或公式中某个数字有问题

续表

A 列值	B 列值	函数引用	错误值	可能原因
—	—	= SUM（A8：B8 A10：A12）	#NULL!	两个不相交单元格区域指定交叉点
—	—	= TODAY（）	#########	产生的内容比单元格宽
18：00：00	6：00：00	= B10 – A10	#########	单元格的日期和时间公式产生了一个负值

Excel 中的常见函数见表 4 – 5。

表 4 – 5　Excel 中的常见函数

函数名	函数参数	函数说明
IF	IF（logical_test，value_if_true，value_if_false）	判断是否满足某个条件，如果满足返回 True，不满足返回 False
SUM	SUM（num1，num2，…）	计算单元格区域中所有数值的和
SUMIFS	SUMIFS（sum_range，criteria_range1，criteria1，…）	对一组给定条件所指定的单元格求和
AVERAGE	AVERAGE（num1，num2，…）	返回参数的算术平均值
AVERAGEIFS	AVERAGEIFS（average_range，criteria_range1，criteria1，…）	查找一组给定条件所指定的单元格的平均值（算术平均值）
COUNT	COUNT（value1，value2，…）	计算单元格区域中包含数字的单元格个数
COUNTIFS	COUNTIFS（criteria_range1，criteria1，criteria_range2，criteria2，…）	统计一组给定条件所指定的单元格个数
RANK	RANK（num，ref，order）	返回某一数字在一列数字中相对于其他数值的大小排名
RANK. EQ	RANK. EQ（num，ref，order）	返回某一数字在一列数字中相对于其他数值的大小排名，如果多个数值排名相同，则返回该组数值的最佳排名
VLOOKUP	VLOOKUP（lookup_value，table_array，col_index_num，range_lookup）	按列查找，返回该列所需查询列序所对应的值；HLOOKUP（）函数用于按行查找
MAX	MAX（num1，num2，…）	返回一组数据中的最大值
MIN	MIN（num1，num2，…）	返回一组数据中的最小值
MID	MID（text，start_num，num_chars）	从指定位置开始，提取用户指定的字符数

函数名	函数参数	函数说明
LEFT	LEFT(string,n)	从左侧开始截取 n 个字符
RIGHT	RIGHT(string,n)	从右侧开始截取 n 个字符
INT	INT(num)	将数值向下取整为最接近的整数
ROUND	ROUND(num,num_digits)	按指定的位数对数值进行四舍五入
ABS	ABS(num)	求整数的绝对值
MOD	MOD(num,divisor)	返回两个数相除的余数
TODAY	TODAY( )	返回系统的日期
WEEKDAY	WEEKDAY(data,return_type)	返回代表一星期中的第几天的数值，是一个 1~7 的整数

实践：完成学生成绩表的制作。

任务三 数据管理——制作学生档案工作表

●任务描述

根据要求完成学生档案工作表的制作。将位于 C 盘根目录下的"学生档案.txt"文件导入 Excel，根据身份证号求出学生的性别、出生日期、年龄，并根据籍贯进行排序和分类汇总，求出各个地区的学生人数。填充结果如图 4-21 所示。

	学号	姓名	身份证号码	性别	出生日期	年龄	籍贯
2	C121002	毛兰儿	110109199908070328	女	1999年08月07日	21	安徽
3			1				安徽 计数
4	C120901	谢如雪	110105199807142140	女	1998年07月14日	22	北京
5	C121001	吴小飞	110102199905281913	男	1999年05月28日	21	北京
6	C121201	张国强	110102199903292713	男	1999年03月29日	22	北京
7	C121301	曾令铨	110102199812191513	男	1998年12月19日	22	北京
8	C121401	宋子丹	110103199904290936	女	1999年04月29日	22	北京
9	C121402	郑菁华	110223199906235661	女	1999年06月23日	21	北京
10	C121403	张雄杰	110106199905133052	男	1999年05月13日	21	北京
11	C121405	齐小娟	110111199906163022	女	1999年06月16日	21	北京
12	C121406	孙如红	130630199905210048	女	1999年05月21日	21	北京
13	C121408	周梦飞	110226199904111420	女	1999年04月11日	22	北京
14	C121409	杜春兰	110227199812061545	女	1998年12月06日	22	北京
15	C121411	张杰	110104199903051216	男	1999年03月05日	22	北京
16	C121413	黄一明	110105199810212519	男	1998年10月21日	22	北京
17	C121414	郭晶晶	110221199909293625	女	1999年09月29日	21	北京
18	C121415	侯喜科	110221200002048335	男	2000年02月04日	21	北京
19	C121416	宋子文	110226199912240017	男	1999年12月24日	21	北京
20	C121418	郑秀丽	120112199811263741	女	1998年11月26日	22	北京
21	C121419	刘小红	150404199909074122	女	1999年09月07日	21	北京
22	C121422	姚雨	110103199903040920	女	1999年03月04日	22	北京
23	C121423	徐霞客	110103199811111135	男	1998年11月11日	22	北京
24	C121424	孙令馆	110102199904271532	男	1999年04月27日	22	北京
25	C121425	杜学江	110103199903270623	女	1999年03月27日	22	北京

图 4-21 填充结果

（1）按照要求先将学生档案信息导入 Excel。

（2）利用公式求出学生的性别、出生日期、年龄。

（3）根据籍贯进行排序。

（4）根据籍贯进行分类汇总。

步骤一　外部数据导入

众所周知，Excel 具有强大的数据处理功能，但是当数据源是文本中的数据、网页中的数据、数据库中的数据时，应该如何处理呢？

以 Excel 2016 为例，在数据选项卡下有一个获取外部数据的模块，可以通过该模块获取来自文本、网页和数据库中的数据。

例如向 Excel 导入学生档案信息，学生档案信息在"学生档案 . txt"文件中，如图 4 – 22 所示。

图 4 – 22　学生档案信息

在工作簿中，选择工作表 Sheet1，选择 A1 单元格（以 A1 单元格为例），单击"数据"选项卡中的"自文本"下拉按钮，选择路径，选择文件，单击"导入"按钮，如图 4 – 23 所示。

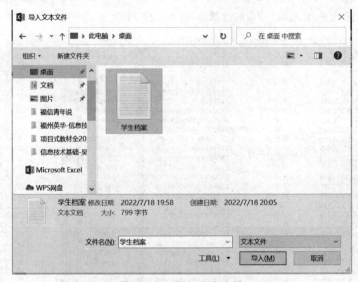

图 4 – 23　导入文本文件

可分三步完成文本文件导入，如图 4 – 24 ~ 图 4 – 26 所示。

第一步注意选择文件原始格式，如图 4 – 24 所示。

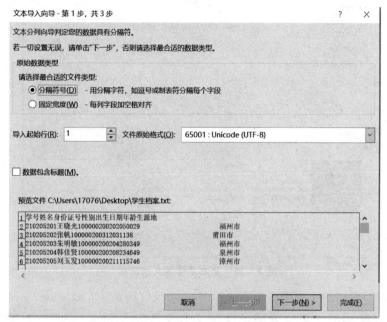

图 4 – 24　文本文件导入第一步

第二步中分隔符号需要根据文本中内容的分割情况选择 Tab 键、分号、逗号、空格等。

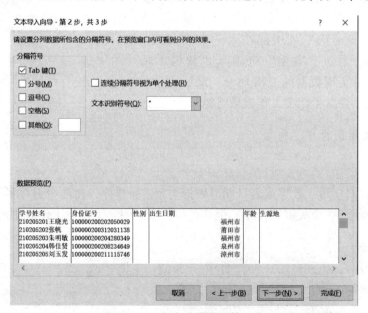

图 4 – 25　文本文件导入第二步

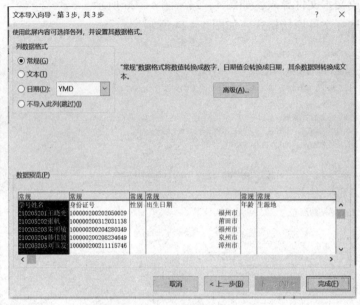

图 4 - 26　文本文件导入第三步

第三步选择分割后每一列的数据格式。

接下来选择数据的放置位置即可完成文本文件导入，如图 4 - 27 所示。

由于数据源中学号和姓名之间没有分割符号间隔，所以学号和姓名是连在一起的，如图 4 - 28 所示。此时先在"学号姓名"列和"身份证号码"列中间插入一个空白列；然后选择"学号姓名"列，通过"数据"选项卡"数据工具"组中的"分列"按钮即可实现数据的二次划分；最后将学号和姓名分开。图 4 - 29 所示为学生档案工作表最终结果。

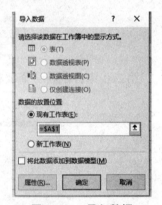

图 4 - 27　导入数据

步骤二　数据的排序、筛选

1. 排序

Excel 中可以对字母、数字或者日期等数据类型进行排序，排序分升序和降序两种方式。可以按一个关键字或多个关键字排序。例如可将步骤一中学生档案工作表中的数据按照学号升序排列。

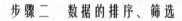

	A	B	C	D	E	F
1	学号姓名	身份证号	性别	出生日期	年龄	生源地
2	210205201王晓光	100000200202050000				福州市
3	210205202张帆	100000200312031000				莆田市
4	210205203朱明敏	100000200204280000				福州市
5	210205204韩佳贤	100000200208234000				泉州市
6	210205205刘玉发	100000200211115000				漳州市
7	210205206马红丽	100000200205243000				厦门市
8	210205207高亚峰	100000200304131000				泉州市
9	210205208谭思飞	100000200202064000				三明市
10	210205209张瑶	100000200108173000				厦门市
11	210205210李莉莉	100000200210070000				厦门市

图 4 - 28　导入数据结果

	A	B	C	D	E	F	G
1	学号	姓名	身份证号	性别	出生日期	年龄	生源地
2	210205201	王晓光	100000200202050000				福州市
3	210205202	张帆	100000200312031000				莆田市
4	210205203	朱明敏	100000200204280000				福州市
5	210205204	韩佳贤	100000200208234000				泉州市
6	210205205	刘玉发	100000200211115000				漳州市
7	210205206	马红丽	100000200205243000				厦门市
8	210205207	高亚峰	100000200304131000				泉州市
9	210205208	谭思飞	100000200202064000				三明市
10	210205209	张瑶	100000200108173000				厦门市
11	210205210	李莉莉	100000200210070000				厦门市

图 4 – 29 学生档案工作表最终结果

选择要排序的数据区域，单击"数据"选项卡下"排序和筛选"组中的，"排序"按钮，弹出"排序"对话框，如图 4 – 30 所示。勾选"数据包含标题"复选框，在"主要关键字"下拉列表中选择"学号"选项，在"排序依据"下拉列表中选择"数值"选项，在"次序"下拉列表中选择"降序"选项，单击"确定"按钮完成排序。排序结果如图 4 – 31 所示。

图 4 – 30 "排序"对话框

	A	B	C	D	E	F	G
1	学号	姓名	身份证号	性别	出生日期	年龄	生源地
2	210205210	李莉莉	100000200210070000				厦门市
3	210205209	张瑶	100000200108173000				厦门市
4	210205208	谭思飞	100000200202064000				三明市
5	210205207	高亚峰	100000200304131000				泉州市
6	210205206	马红丽	100000200205243000				厦门市
7	210205205	刘玉发	100000200211115000				漳州市
8	210205204	韩佳贤	100000200208234000				泉州市
9	210205203	朱明敏	100000200204280000				福州市
10	210205202	张帆	100000200312031000				莆田市
11	210205201	王晓光	100000200202050000				福州市

图 4 – 31 排序结果

注：在图 4 – 30 所示的"排序"对话框中，单击"添加条件"按钮可增加一个次要关键字条件，单击"删除条件"按钮可删除一个筛选条件，单击"复制条件"按钮可复制一个条件，单击"选项"按钮可设置排序选项，如设置是否区分大小写、排序方向、排序方法等，如图 4 – 32 所示。

2. 筛选

筛选是根据给定条件，从表格中找出并显示满足条件的记录，不满足条件的记录被隐藏。Excel 筛选分为自动筛选和高级筛选。与排序不同的是，筛选并不重排清单，只是暂时隐藏不必要显示的行。

图 4 – 32 排序选项

1) 自动筛选

例如筛选出学生档案工作表中"生源地"为"厦门"，"性别"为"男"的学生。先利用公式填充"性别"列。单击"数据"选项卡下"排序和筛选"组中的"筛选"按钮，然后"性别"选择"男"，"生源地"选择"厦门"。筛选结果如图4-33所示。

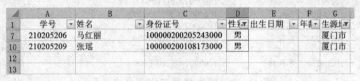

	A	B	C	D	E	F	G
1	学号	姓名	身份证号	性别	出生日期	年龄	生源地
7	210205206	马红丽	100000200205243000	男			厦门市
10	210205209	张瑶	100000200108173000	男			厦门市
12							
13							

图4-33 筛选结果

2) 高级筛选

通过高级筛选可以将符合条件的数据显示到原有的数据区域中或者复制到当前工作表的其他位置。

例如筛选出学生档案工作表中"籍贯"为"厦门"，"性别"为"男"，以及"籍贯"为"福州"，"性别"为"女"的学生，并把筛选结果放到该表中的空白处。

按照要求应该先书写条件区域，如图4-34所示，条件区域由字段名和若干条件行组成。其中字段名必须和表格中的列名一致，同一行中不同单元格是"与"逻辑关系，条件行之间是"或"逻辑关系。

设置完条件区域后，单击"数据"选项卡下"排序和筛选"组中的"高级"按钮，弹出"高级筛选"对话框，如图4-35所示。选择显示方式、要筛选的列表区域和条件区域，单击"确定"按钮即可。

生源地	性别
厦门	男
福州	女

图4-34 条件区域　　　　图4-35 "高级筛选"对话框

如果选择"在原有区域显示筛选结果"选项后要取消高级筛选并将内容再次全部显示出来，则单击"数据"选项卡下"排序和筛选"组中的"清除"按钮即可。

注：当数据比较多时，可以选择"视图"选项卡→"冻结窗格"→"冻结首行"或"冻结首列"命令，方便查看数据。

步骤三 分类汇总

Excel的分类汇总功能可对数据清单中的数据进行分门别类的统计处理，不需要用户自已建立公式，Excel 会自动对各类别的数据进行求和、求平均等多种计算，并把汇总结果以"分类汇总"和"总计"方式显示出来。

例如将学生档案工作表按照籍贯进行分类汇总，求出每个地区的学生人数。

求解过程如下。首先，确保要进行分类汇总的对象是普通区域；其次，按照"籍贯"排序；再次，选择要分类汇总的区域，单击"数据"选项卡下"分级显示"组中的"分类汇总"按钮，弹出"分类汇总"对话框，如图 4－36 所示，按照要求，"分类字段"选择"籍贯"，"汇总方式"选择"计数"，"选定汇总项"选择"姓名"，单击"确定"按钮完成分类汇总，得到图 4－37 所示的分类汇总结果。

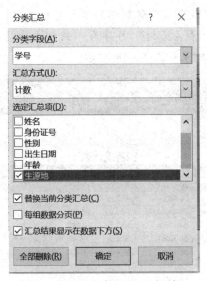

图 4－36 "分类汇总"对话框

1 2 3		A	B	C	D	E	F	G	H
	1	学号	姓名	身份证号	性别	出生日期	年龄	生源地	
+	4		2					福州市 计数	
+	6		1					莆田市 计数	
+	9		2					泉州市 计数	
+	11		1					三明市 计数	
+	15		3					厦门市 计数	
+	17		1					漳州市 计数	
−	18		10					总计数	
	19								

图 4－37 分类汇总结果

图 4－37 中左上方的"1""2""3"按钮可以控制显示或者隐藏某一级别的详细数据，也可以通过"＋""－"按钮完成该功能。

如果想要清除分类汇总结果，回到数据的初始状态，可以单击"分类汇总"对话框中的"全部删除"按钮。

注：分类汇总区域必须为普通区域，表格不能分类汇总；如果要对表格分类汇总，应先将表格转换成普通区域。

表格转为区域的方法：单击"设计"选项卡下"工具"组中的"转换为区域"按钮。

区域转为表格的方法：单击"插入"选项卡下"表格"组中的"表格"按钮。

> 实践：完成学生档案工作表的制作。

任务四　图表与页面设置——制作销售统计表

●任务描述

大学生小王毕业后，在一家电器销售公司担任市场部助理，其主要职责是为经理提供电器销售统计信息，根据要求完成电器销售数据的统计分析工作。

（1）将原有的"销售统计表-素材"另存为"销售统计表-统计结果"，基于此文件完成以下操作。"销售统计表"效果如图4-38所示。

订单编号	日期	电器编号	商场名称	电器名称	单价	销量（台）	小计
BTW-08001	2021年1月22日星期五	DQ-10001	人民商场	电视机	5,636	1200	6,763,200
BTW-08002	2021年1月23日星期六	DQ-10004	光明商场	洗衣机	2,838	2500	7,095,000
BTW-08003	2021年1月24日星期日	DQ-10003	胜利商场	空调	4,600	4100	18,860,000
BTW-08004	2021年1月25日星期一	DQ-10004	人民商场	洗衣机	2,838	2100	5,959,800
BTW-08005	2021年1月26日星期二	DQ-10003	友谊商场	空调	4,600	3200	14,720,000
BTW-08006	2021年1月27日星期三	DQ-10001	友谊商场	电视机	5,636	2300	12,962,800
BTW-08007	2021年1月28日星期四	DQ-10003	人民商场	空调	4,600	3400	15,640,000
BTW-08008	2021年1月29日星期五	DQ-10002	光明商场	冰箱	3,434	5300	18,200,200
BTW-08009	2021年1月30日星期六	DQ-10002	胜利商场	冰箱	3,434	4300	14,766,200
BTW-08010	2021年1月31日星期日	DQ-10001	人民商场	电视机	5,636	2200	12,399,200
BTW-08011	2021年2月11日星期四	DQ-10004	友谊商场	洗衣机	2,838	3100	8,797,800
BTW-08012	2021年2月12日星期五	DQ-10003	友谊商场	空调	4,600	2900	13,340,000
BTW-08013	2021年2月13日星期六	DQ-10002	人民商场	冰箱	3,434	4300	14,766,200
BTW-08014	2021年2月14日星期日	DQ-10003	光明商场	空调	4,600	3900	17,940,000
BTW-08015	2021年2月15日星期一	DQ-10001	胜利商场	电视机	5,636	3000	16,908,000
BTW-08016	2021年2月16日星期二	DQ-10002	人民商场	冰箱	3,434	4300	14,766,200
BTW-08017	2021年2月17日星期三	DQ-10004	友谊商场	洗衣机	2,838	5100	14,473,800
BTW-08018	2021年2月18日星期四	DQ-10001	胜利商场	电视机	5,636	3800	21,416,800

图4-38　"销售统计表"效果

（2）在"销售统计表"中，根据"编号对照表"找到相应的"电器名称"和"单价"信息，并进行销售额统计，计算出"小计"。使用VLOOKUP( )函数查找"电器名称"。

（3）在"销售统计表"中，套用表格格式，设置"单价"和"小计"列的数据格式为"会计专用"（人民币）格式，设置日期格式为"××××年××月××日星期×"。调整单元格宽度与内容大小一致，使"销售统计表"标题文字合并后居中显示。

（4）在"统计报告表"中统计所有销售订单的总销售额；统计人民商场在2021年1月的总销售额；统计所有商场电视机的总销售额；统计胜利商场空调的总销售额。"统计报告表"效果如图4-39所示。

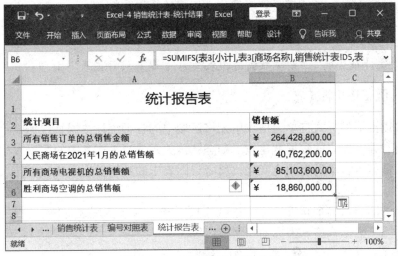

图4-39 "统计报告表"效果

（5）根据"销售统计表"，复制"商场名称""电器名称""单价""销量""小计"字段值，并以"值与数字格式"的格式放置到"销售统计图表"新工作表中。分类汇总各类电器的销量和销售额。

（6）根据各类电器的销量和销售额分类汇总结果，以图表的形式统计各类电器的销量和销售额，更改次坐标图表类型，放置到"销售统计图表"工作表单元格区域A28：F46中。

（7）以数据透视表的形式统计各个商场中各类电器的销量，设置相应的数字格式、套用表格格式，放置到"销量数据透视表"中。为该表数据在最后一列添加迷你图，如图4-40所示。

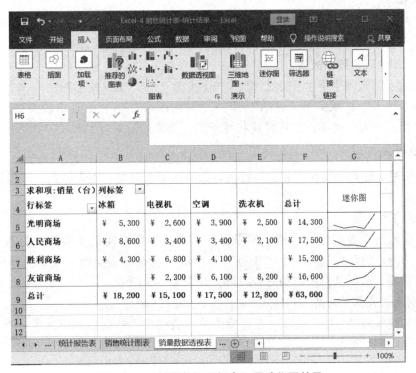

图4-40 "销量数据透视表"及迷你图效果

注：插入迷你图时，先选择数据区域，再选择迷你图的位置。

（8）以数据透视表的形式分别筛选出各类电器的销量和销售额，并放置到"电器数据透视表"新工作表中。

（9）将"统计报告表""销量数据透视表"和"销售统计图表"打印输出。

步骤一　图表及其格式化

图表能够以图形的形式将单元格或单元格区域中的各种统计数据直观地显示出来。创建图表后，图表和建立图表的数据就建立了动态链接关系，当工作表中的数据发生变化时，图表中对应项的数据也自动发生相应变化，反之，图表中的数据发生变化，工作表中的数据也发生相应变化。

一个完整的图表由多个元素组成，这些组成元素主要包括图表标题、图表区、绘图区、图例、数据系列、数据标签、坐标轴和网格线等。

（1）图表区：主要有图表标题、图例、绘图区三大部分。

（2）图表标题：用于表明图表的作用，以文本框的形式显示在绘图区上方。

（3）图例：用于显示各个系列代表的内容，默认显示在绘图区的右侧。

（4）绘图区：主要由数据系列、数据标签、坐标轴、坐标轴标题、网格线组成。

（5）数据系列：对应工作表中的一行或一列数据。

（6）数据标签：对应显示数据系列的实际值。

（7）坐标轴：按位置可分为主坐标轴和次坐标轴。

（8）网格线：用于显示各数据点的具体位置。

1. 创建图表

创建图表时，首先要选定数据区域，当需要多个数据区域时可按住 Ctrl 键加选，如图4-41 所示。先选择数据区域 B1：E1，再按住 Ctrl 键不放，依次加选 B6：E6，B13：E13，B19：E19，B24：E24 数据区域。

选择"插入"选项卡下"图表"组→"柱状图"→"二维柱形图"→"簇状柱形图"选项或选择"插入"选项卡下"图表"组→"其他图表"→"所有图表类型（A）..."命令，打开"插入图表"对话框，选择簇状柱形图，结果如图4-42 所示。

2. 编辑图表

建立图表后，用户可以对图表进行修改，如改变图表类型、图表样式，添加标题、图表刻度、趋势线等。

1）改变图表类型

选择需要修改图表类型的数据，单击鼠标右键，选择快捷菜单中的"更改图表类型"命令，或者选择"设计"选项卡下"类型"组中的"更改图表类型"命令，弹出"更改图表类型"对话框，然后选择所需的图表即可，如图4-43 所示。

2）改变图表数据系列格式和样式

用鼠标右键单击红色的折线图，在快捷菜单中选择设置数据系列格式为"次坐标"，在"设计"选项卡下"图表样式"组中选择所需的图表样式即可。数据系列格式与样式如图4-44 所示。

1 2 3		A	B	C	D	E	
	1	商场名称	电器名称	单价	销量（台）	小计	
	2	光明商场	冰箱	3,434	5300	182,002	
	3	胜利商场	冰箱	3,434	4300	147,662	
	4	人民商场	冰箱	3,434	4300	147,662	
	5	人民商场	冰箱	3,434	4300	147,662	
	6		冰箱 汇总		18200	624,988	
	7	人民商场	电视机	5,636	1200	67,632	
	8	友谊商场	电视机	5,636	2300	129,628	
	9	人民商场	电视机	5,636	2200	123,992	
	10	胜利商场	电视机	5,636	3000	169,080	
	11	胜利商场	电视机	5,636	3800	214,168	
	12	光明商场	电视机	5,636	2600	146,536	
	13		电视机 汇总		15100	851,036	
	14	胜利商场	空调	4,600	4100	188,600	
	15	友谊商场	空调	4,600	3200	147,200	
	16	人民商场	空调	4,600	3400	156,400	
	17	友谊商场	空调	4,600	2900	133,400	
	18	光明商场	空调	4,600	3900	179,400	
	19		空调 汇总		17500	805,000	
	20	光明商场	洗衣机	2,838	2500	70,950	
	21	人民商场	洗衣机	2,838	2100	59,598	
	22	友谊商场	洗衣机	2,838	3100	87,978	
	23	友谊商场	洗衣机	2,838	5100	144,738	
	24		洗衣机 汇总		12800	363,264	
	25		总计		63600	2,644,288	

图 4－41 选择用于创建图表的数据区域

图 4－42 簇状柱形图

信息技术基础（Windows 10+Office 2016）

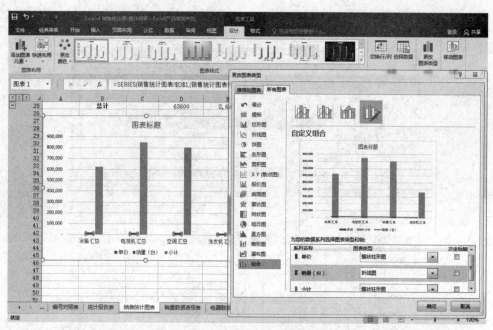

图 4-43 "更改图表类型"对话框

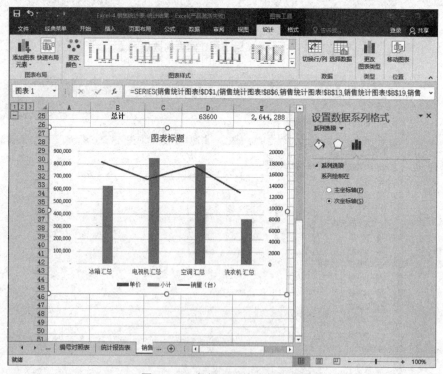

图 4-44 数据系列格式与样式

3）修改图表标题和刻度

修改图表标题为"电器销售统计"，出现如图 4-45 所示的图表标题标签，然后选择次坐标轴标签，修改标签内容的最小值为 0，最大值为 20 000，主要单位为 200，刻度线类型为外部显示。

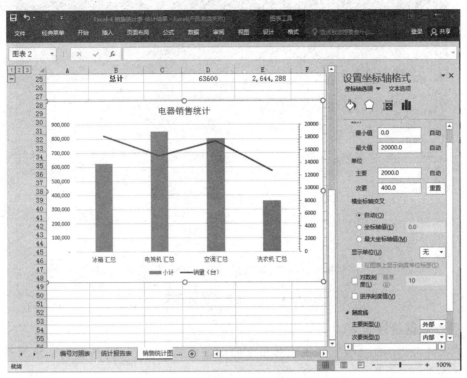

图 4 – 45　修改图表标题和刻度

此外，可以为图表添加图表元素，如坐标轴、轴标题、图表标题、数据标签、数据表、误差线、网格线、图例、趋势线等元素，还可以移动图表到新的工作表中。

步骤二　数据透视表

可以使用数据透视表汇总、分析、浏览和呈现汇总数据。数据透视图通过对数据透视表中的汇总数据添加可视化效果来对其进行补充，以便用户轻松地查看比较、模式和趋势。借助数据透视表和数据透视图，用户可对关键数据一目了然。此外，还可以连接外部数据源创建数据透视表，或使用现有数据透视表创建新表。

数据透视表是一种可以快速汇总大量数据的交互式方法，可用于深入分析数值数据和回答有关数据的一些预料之外的问题。

数据透视表以多种用户友好的方式查询大量数据；分类汇总和聚合数值数据，按类别和子类别汇总数据，以及创建自定义计算和公式；展开和折叠数据级别以重点关注结果，以及深入查看感兴趣区域的汇总数据的详细信息；可以通过将行移动到列或将列移动到行（也称为"透视"），查看源数据的不同汇总；通过对最有用、最有趣的一组数据执行筛选、排序、分组和条件格式设置，可以重点关注所需信息；提供简明、有吸引力并且带有批注的联机报表或打印报表。

1. 创建数据透视表

以数据透视表的形式统计各个商场中各类电器的销量，设置相应的数字格式、套用表格格式，放置到"销量数据透视表"中，如图 4 – 46 所示。

图 4 – 46　销量数据透视表

2. 筛选数据透视表

以数据透视表的形式分别筛选出各类电器的销量和销售额，并放置到"电器数据透视表"新工作表中，如图 4 – 47 所示。

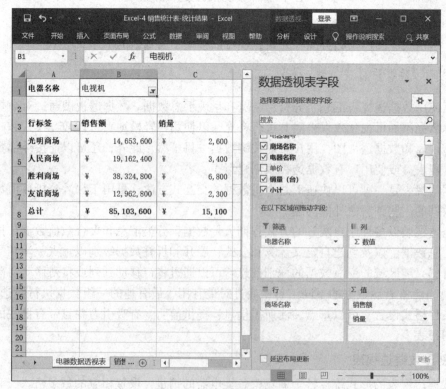

图 4 – 47　电器数据透视表

步骤三 页面设置与打印

工作表编辑完成后，如果已经连接了打印机，可以将工作表打印出来，通常在打印前要进行页面设置，主要包括页面方向、缩放及纸张大小、页边距、页眉/页脚、打印区域等，使用"打印预览"功能可以预览打印效果，直至调整到满意为止。

1. 页面设置

选择"页面布局"选项卡，单击"页面设置"组右下角的对话框启动器，弹出图4-48所示的"页面设置"对话框。

（1）在"页面"选项卡中可以设置方向、缩放及纸张大小等。

（2）在"页边距"选项卡中可以设置页面4个边界距离，页眉和页脚的上、下边距，居中方式等。

（3）在"页眉/页脚"选项卡中可以设置页眉及页脚的内容，也可以自定义页眉和页脚的内容。

（4）在"工作表"选项卡中可以设置打印区域、打印标题、打印行号和列标、打印顺序等。

图4-48 "页面设置"对话框

2. 打印

单击"页面设置"对话框任意选项卡右下方的"打印预览"按钮，或选择"文件"菜单中的"打印"命令即可打开图4-49所示的"打印"窗口。

在"打印"窗口中可设置打印份数，选择打印机，设置"打印活动工作表""打印整个工作簿"或"打印选定区域"。如果先设置了打印区域，当选择"打印活动工作表""打印整个工作簿"时，"忽略打印区域"选项可有效使用；如果选择"打印选定区域"，"忽略打印区域"选项变成灰白色的不可用状态。在"页数"框中可输入要打印的页码范围。方向、纸张大小及缩放的设置既可通过"打印"窗口设置，也可通过"页面设置"对话框中的"页面"选项卡设置。页边距既可通过"打印"窗口设置，也可通过"页面设置"对话框中的"页边距"选项卡设置。

若要打印的内容超过 1 页，单击左、右三角按钮可以前后翻页。

单击"打印"窗口右下角的"显示边距""缩放至页面"按钮即可显示页边距、缩小或放大页面。

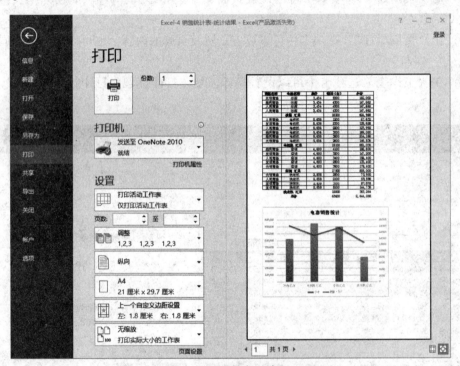

图 4 - 49　"打印"窗口

> 实践：完成销售统计表的制作。

课后练习

（1）整理本班同学的信息表，要求包含姓名、学号、身份证号、入学成绩、出生日期、家庭住址等信息。

（2）李爽是某手机企业总部的管理人员，需要统计各个分公司的手机销售情况，请问如何进行数据统计？如何将统计结果进行直观的展示？

项目五

演示文稿软件

【学习目标】

- 掌握演示文稿创建、幻灯片版式设置、幻灯片编辑等基本操作。
- 掌握演示文稿视图模式的使用，幻灯片页面、主题、背景及母版的应用与设计等。
- 掌握幻灯片中声音和视频等对象的插入与编辑。
- 掌握幻灯片中对象动画效果、切换效果和交互效果等的设计。
- 掌握演示文稿的放映设置与控制、输出与打印。

任务一 认识 PowerPoint——制作一页自我介绍的演示文稿

● 任务描述 ▰▰▰▰▰▰▰▰▰▰

制作一页演示文稿，介绍自己，要求图文并茂，参考效果如图 5 - 1 所示。

性别：女
年龄：18
籍贯：福建省福州市
专业：汉语言文学

图 5 - 1 自我介绍的演示文稿参考效果

步骤一 认识 PowerPoint 窗口组成

PowerPoint 的功能是通过其窗口实现的，启动 PowerPoint 即打开 PowerPoint 应用程序工作窗口，PowerPoint 普通视图下的工作界面如图 5 - 2 所示。

图 5-2　PowerPoint 普通视图下的工作界面

步骤二　认识演示文稿视图模式

PowerPoint 提供了普通视图、大纲视图、幻灯片浏览视图、备注页视图、阅读视图 5 种工作视图。各种视图提供了不同的观察视角和功能，用户根据需要进行视图切换，辅助完成幻灯片的制作。可利用"视图"选项卡下"演示文稿视图"组中对应的按钮或者主界面视图切换按钮进行视图切换。

1. 普通视图

普通视图是 PowerPoint 默认的视图模式，是一种编辑视图，可用于设计和制作演示文稿。该视图有 3 个主要区域：左侧为幻灯片浏览视图，以缩略图的方式显示幻灯片，可以进行演示文稿导航和效果预览，也可以进行幻灯片位置调整和删除等操作；右侧为幻灯片编辑窗口，以大视图形式展示当前幻灯片内容；底部为备注窗口，可以为每页幻灯片添加相关备注。

2. 大纲视图

大纲视图主要用于显示幻灯片中的文字内容，不显示图形对象和美化的格式。该视图有 3 个主要区域：左侧为大纲窗口，能够预览每张幻灯片中的标题和文字内容，在其中输入标题和正文，系统会自动建立每一张幻灯片；右侧为幻灯片编辑窗口；底部为备注窗口。

3. 幻灯片浏览视图

幻灯片浏览视图可以在窗口中同时显示多张幻灯片缩略图，便于观察修改幻灯片的背景设计和配色方案后演示文稿整体外观的变化。利用幻灯片浏览视图可以快速地定位到某张幻灯片，添加、删除和移动幻灯片以及选择幻灯片切换效果。

4. 备注页视图

在备注页视图中，每张备注页上方都为当前幻灯片的小版本，下方为备注窗格中的内容。在备注窗格中，可以对备注文本内容进行编辑并进行格式设置。同时，还可以插入表格、图表、图片等对象。备注文本内容不会在其他视图下显示，只在打印的备注页中显示。

5. 阅读视图

在阅读视图中，可以以全屏的方式放映幻灯片，能够预览演示文稿中设置的放映效果。单击鼠标左键进行幻灯片切换，按 Esc 键可立即退出阅读视图。

步骤三 学会演示文稿基本操作

演示文稿基本操作是制作各类演示文稿的基础，利用它可以使展示效果声形俱佳、图文并茂。

1. 创建演示文稿

启动 PowerPoint，在"新建"窗口可以选择"新建空白演示文稿"命令或者使用模板或主题创建演示文稿，PowerPoint 提供了"演示文稿""主题""业务""个人""教育""图表"等多个分类的模板和主题。

1）新建空白演示文稿

使用"空白演示文稿"方式，可以创建一个没有任何设计方案和示例文本的空白演示文稿，可以精准地控制和调整演示文稿的样式、内容等，设计出具有鲜明个性的演示文稿，具有较大的灵活性。

PowerPoint 提供了两种新建空白演示文稿的方法。

（1）选择"文件"菜单→"新建"命令，在"新建"窗口中，选择"新建空白演示文稿"命令。

（2）在本地磁盘的任意位置单击鼠标右键，在弹出的快捷菜单中选择"新建"→"新建 Microsoft PowerPoint 演示文稿"命令，可以直接创建一个空白演示文稿。

2）使用模板或主题创建演示文稿

PowerPoint 提供的模板非常丰富，可以根据需要灵活选用，在"新建"窗口中，可以按某一分类联机搜索需要的模板和主题，选择目标主题，然后单击"创建"按钮，完成演示文稿的创建。

2. 打开演示文稿

在使用 PowerPoint 时，经常需要打开已有的演示文稿进行编辑或演示操作。

选择"文件"菜单中的"打开"→"浏览"命令，将弹出"打开"对话框，在该对话框中选择需要打开的文件即可；或者从本地磁盘中直接找到文件所在位置，直接双击打开。

3. 保存演示文稿

演示文稿制作完成后需要将其保存到本地磁盘中。保存演示文稿的主要方法如下。

（1）选择"文件"菜单下的"保存"或"另存为"命令，可以设置演示文稿的存放位置以及重新命名演示文稿。

（2）单击快速访问工具栏的"保存"按钮。

> 实践：制作一页自我介绍的演示文稿。

任务二　演示文稿的编辑——制作校园宣传演示文稿

● 任务描述

制作一份校园宣传演示文稿，包含校园风景、学生日常、文化生活、体育活动、社会实践等内容模块，要求图文并茂，幻灯片切换效果丰富，动画效果丰富，有一定的交互性，添加背景音乐，用于活动现场展示。具体要求如下。

（1）标题页包含宣传主题、制作单位和日期（××××年×月×日）。

（2）目录页采用 SmartArt 图形展示，并与其他内容页面建立超链接，实现幻灯片之间的跳转。

（3）演示文稿需要指定一个主题，版式丰富。

（4）演示文稿中除文字外要包含多张图片。

（5）动画效果要丰富，幻灯片切换效果要多样。

（6）演示文稿播放的全程需要有背景音乐。

（7）设置放映方式为"观众自行浏览"。

（8）将制作完成的演示文稿以"校园宣传.pptx"为文件名进行保存。

步骤一　创建和组织幻灯片

1. 创建幻灯片

制作演示文稿的过程就是制作多张幻灯片的过程。第一步就是在演示文稿中添加新幻灯片，并在幻灯片上添加文本和图形，设置相应格式，从而完成一份完整的演示文稿。

（1）在幻灯片浏览窗格选择某幻灯片缩略图，单击"开始"选项卡下"幻灯片"组的"新建幻灯片"下拉按钮，选择一种版式，即可在当前幻灯片之后添加一张新的幻灯片。

（2）在幻灯片浏览窗格选择某幻灯片缩略图，在一个幻灯片缩略图或者空白处单击鼠标右键，在弹出的快捷菜单中选择"新建幻灯片"命令。

2. 幻灯片版式应用

幻灯片版式确定了幻灯片内容的布局。PowerPoint 提供了多个幻灯片版式以供选择。对于新建的空白演示文稿，默认的版式是"标题幻灯片"。选择一张幻灯片，单击"开始"选项卡下"幻灯片"组的"版式"下拉按钮，可为当前幻灯片修改版式，如图 5-3 所示。

3. 组织幻灯片

1）选择幻灯片

在 PowerPoint 中，用户可以选择一张或多张幻灯片，然后对所选择的幻灯片进行操作。以下是在普通视图中选择幻灯片的方法。

（1）单击需要选择的单张幻灯片，即可选择该张幻灯片。

（2）选择多张连续幻灯片：单击起始编号的幻灯片，然后按住 Shift 键，单击结束编号的幻灯片，完成选择。

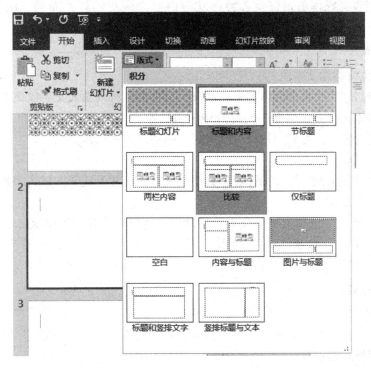

图 5 - 3　幻灯片版式修改界面

（3）选择多张不连续幻灯片：在按住 Ctrl 键的同时，依次单击需要选择的幻灯片，完成选择。

2）复制幻灯片

在制作演示文稿时，有时会需要两张内容基本相同的幻灯片。这需要利用幻灯片的复制功能来实现。复制幻灯片的基本方法如下。

（1）选择需要复制的幻灯片，通过"复制"和"粘贴"命令实现。

（2）选择需要复制的幻灯片，在幻灯片缩略图上单击鼠标右键，在快捷菜单中选择"复制幻灯片"命令。

（3）选择需要复制的幻灯片，单击"开始"选项卡下"幻灯片"组中的"新建幻灯片"下拉按钮，选择"复制幻灯片"命令。

3）删除幻灯片

选择要删除的幻灯片，按 Del 键或者在幻灯片缩略图上单击鼠标右键，在快捷菜单中选择"删除幻灯片"命令。

4）移动幻灯片

制作演示文稿时，如果需要对幻灯片进行重新排序，就需要移动幻灯片，这可以通过"剪切"和"粘贴"命令来完成，也可以在幻灯片浏览窗格中，选择需要移动的幻灯片，按住鼠标左键直接将其拖动到需要的位置。

步骤二　幻灯片内容编辑

基于演示文稿提供的版式、模板等样式编辑信息，自行设计幻灯片中的文本、图片、表格、图形、图表、媒体剪辑以及各种形状等内容，调整幻灯片布局，制作令人满意的效果。

1. 添加文本

1）使用占位符添加文本。

占位符是指幻灯片中被虚线框起来的部分，可在占位符内输入文字或插入图片等，一般占位符的文字字体具有固定格式。幻灯片中的占位符是一个特殊的文本框，包含预设的格式，出现在固定的位置，可对其进行更改格式、移动位置等操作。

2）使用文本框添加文本

通过以下两种方法在幻灯片的任意位置绘制文本框，并设置文本格式，添加文本，展现用户需要的幻灯片布局。

（1）利用"插入"选项卡下"文本"组的"文本框"下拉列表中的命令。

（2）利用"插入"选项卡下"插图"组的"形状"下拉列表中的"文本框"基本图形。

2. 格式化幻灯片

1）设置文本格式

选择文本或者占位符，通过"开始"选项卡中"字体"组和"段落"组的命令进行文本的字体和段落格式的设置。

2）设置文本框样式和格式

选择文本框，在"绘图工具–格式"选项卡中进行形状样式、文本样式、排列方式、大小等的修改和设置。

3. 插入对象

在 PowerPoint 中可以插入多种对象，这些对象包括表格、图片、形状、图表、SmartArt图形、艺术字、视频和音频等。大部分对象的插入方法和 Word 中的插入操作类似。另外在PowerPoint 中插入对象的方法除了采用功能区命令，还可以单击幻灯片内容区占位符中对应的图标，即可完成对象的插入。下面介绍在 PowerPoint 中插入对象的方法。

1）图片

在幻灯片中使用图片可以使演示效果变得更加生动直观，可以插入的图片主要有两类：联机图片、以文件形式存在的图片。插入图片后可以通过"图片工具–格式"选项卡进行图片编辑。

下面介绍联机图片中剪贴画的插入方法。单击"插入"选项卡中的"联机图片"按钮，在打开的"联机图片"对话框中输入搜索关键字"剪贴画"，然后单击选择需要插入的剪贴画，单击"插入"按钮，完成插入操作，如图 5–4 所示。

2）相册

在幻灯片中新建相册时，只要在"插入"选项卡的"图像"组中单击"相册"下拉按钮，选择"新建相册"命令，就会弹出图 5–5 所示的"相册"对话框，然后从本地磁盘的文件夹中选择相关的图片文件插入即可。在插入相册的过程中可以更改图片的先后顺序、调整图片的色彩明暗对比与旋转角度，以及设置图片的版式和相框形状等。

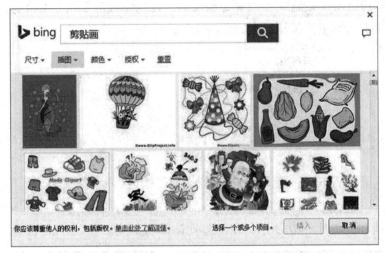

图5-4 插入剪贴画

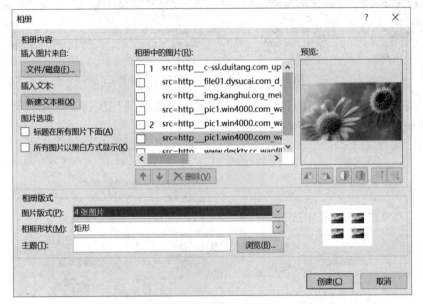

图5-5 "相册"对话框

3) 媒体

为了改善幻灯片放映时的视听效果,用户可以在幻灯片中插入视频、音频和屏幕录制等媒体对象,多方位地向观众传递信息,增强演示文稿的感染力。用户可以进行"联机视频""PC 上的视频""PC 上的音频""录制音频"和"屏幕录制"等相关操作,"屏幕录制"可以实现自定义区域的录制,进行演示文稿的个性化设置。下面主要介绍插入音频的方法。

(1) 选择要插入媒体的幻灯片。

(2) 单击"插入"选项卡下"媒体"组中的"音频"下拉按钮。

(3) 音频插入包含"录制音频"和"PC 上的音频"两个选项,其中,选择"PC 上的音频"选项,只需要在打开的对话框中选择需要的音频即可完成插入。

(4) 选择"录制音频"选项,打开"录制声音"对话框,如图5-6所示,可以进行音频名称修改，然后单击"录制"按钮 ● 开始录制，录制完成后单击"停止录制"按钮 ● 停止录制，最后单击"确定"按钮，完成录制音频的插入。

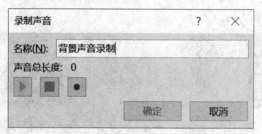

图 5-6 "录制声音"对话框

插入音频后，在幻灯片上会出现一个小喇叭图标。单击该图标，功能区将出现"音频工具-播放"选项卡，如图 5-7 所示，在该选项卡中可以进行音频属性的设置。

图 5-7 "音频工具-播放"选项卡

如果只需要插入部分录制的音频，可以单击"剪裁音频"按钮，打开"剪裁音频"对话框进行音频剪裁，如图 5-8 所示。

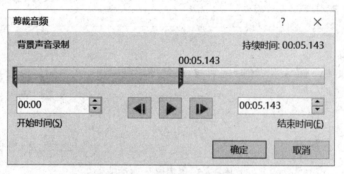

图 5-8 "剪裁音频"对话框

步骤三 设计幻灯片外观

PowerPoint 的特点之一是可以使幻灯片具有统一的外观，可以通过系统提供的主题进行设置，也可以由用户进行自定义设置。

1. 内置主题

主题是方便演示文稿外观设计的一种手段，是一种包含背景图形、字体及对象效果的组合，是对颜色、字体、效果和背景设置的结果。主题作为一套独立的选择方案应用于演示文稿中，可以简化演示文稿的创建过程，使演示文稿具有统一的风格。

PowerPoint 提供了大量的内置主题以供制作演示文稿时选用，可直接在主题库中选择，也可自定义主题。

选择"设计"选项卡中"主题"列表框右侧的"其他"按钮，弹出系统提供的内置主题列表，如图5-9所示，鼠标指向某一个主题时，可以预览效果。单击某一主题，则表示直接将该主题"应用于所有幻灯片"，用鼠标右键单击某一主题，可以选择"应用于选定幻灯片"命令，从而将该主题应用于单张幻灯片。

图5-9 内置主题列表

系统还为每一个主题提供了多个变体，以丰富主题效果。单击"变体"列表框右侧的"其他"按钮，选择"颜色"命令，在展开的列表中可以选择需要的主题颜色，如图5-10所示。另外还可以进行主题字体设置和主题效果设置。

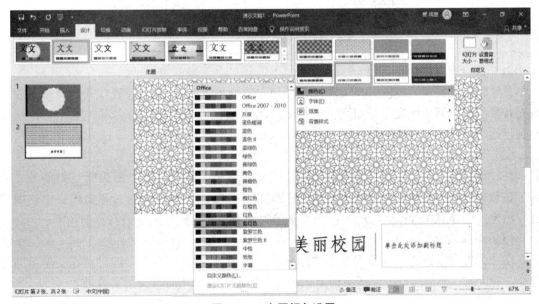

图5-10 主题颜色设置

2. 背景设置

幻灯片的背景直观地影响着幻灯片的效果，可以通过改变幻灯片的背景颜色、图案和纹理等对幻灯片的背景进行设置，也可以使用特定的图片作为幻灯片的背景。

1）改变主题背景样式

PowerPoint 为每种主题提供了 12 种背景样式，单击"设计"选项卡中"变体"组的"其他"按钮▾，选择"背景样式"命令，可以将某一背景样式应用于演示文稿。

2）设置背景格式

用户可以根据需要进行背景格式设置，来改变背景的颜色、图案、纹理填充效果和图片填充效果等。单击"设计"选项卡下"自定义"组中的"设置背景格式"按钮，打开"设置背景格式"窗格，如图 5-11 所示。

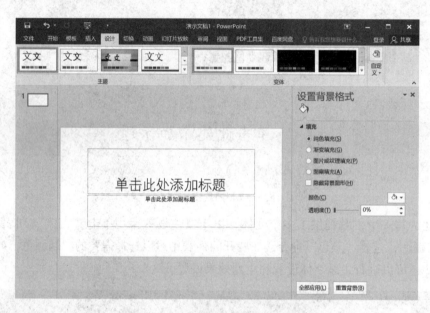

图 5-11 "设置背景格式"窗格

（1）改变背景颜色。

背景颜色设置有"纯色填充"和"渐变填充"两种方式，"纯色填充"是选择单一颜色填充背景，而"渐变填充"是将两种或更多种填充颜色混合在一起，以某种渐变方式从一种颜色逐渐过渡到另一种颜色。

（2）图片或纹理填充。

在"设置背景格式"窗格中选择"图片或纹理填充"选项，在"图片源"中单击"插入"按钮，选择需要的图片文件进行填充；单击"剪贴板"按钮可以选择剪贴板中的图片进行填充。选择图片后可以勾选"将图片平铺为纹理"复选框，然后进行详细设置。

（3）图案填充。

在"设置背景格式"窗格中选择"图案填充"选项，系统提供了 48 种图案，单击即可选择一种图案，然后可以进行图案前景色和背景色的设置，从而改变图案效果。

3. 幻灯片母版

PowerPoint 提供了幻灯片母版、讲义母版和备注母版 3 种母版。

1）幻灯片母版

幻灯片母版是一张包含格式占位符的特殊的幻灯片，控制整个演示文稿的外观，包括颜色、字体、背景、效果和其他所有内容。可以在幻灯片母版上插入形状或徽标等内容，它会自动显示在所有幻灯片中。选择"视图"选项卡中的"幻灯片母版"选项，系统会在幻灯片窗格中显示幻灯片母版样式。

如图 5-12 所示，利用"幻灯片母版"选项卡下"编辑母版"组中的命令可以为幻灯片添加版式、重命名母版、删除版式等。还可以对幻灯片母版进行字体、颜色等文本样式的设置，以及利用"插入"选项卡进行对象插入。

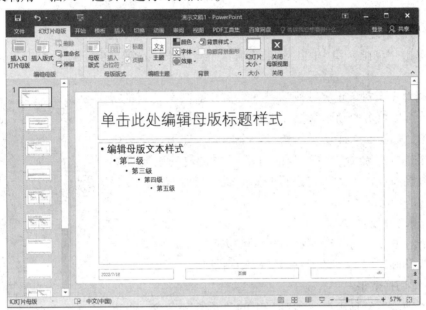

图 5-12 编辑幻灯片母版

2）讲义母版

讲义母版主要控制幻灯片以讲义形式打印的格式。

3）备注母版

备注母版主要控制备注页的格式，还可以调整幻灯片的大小和位置。

步骤四 演示文稿交互效果设置

设置了幻灯片交互效果的演示文稿，放映演示时更加具有感染力和生动性。其中，幻灯片动画起到了重要的作用，幻灯片动画和链接效果有效地增强了演示文稿的交互效果。在 PowerPoint 中，幻灯片动画包括幻灯片对象动画和幻灯片切换动画两种类型，动画效果在幻灯片放映时才能生效。

1. 幻灯片对象动画

幻灯片对象动画是指为幻灯片中的各对象设置的动画效果，多种不同的幻灯片对象动画组合在一起可形成复杂而生动的动画效果。幻灯片对象动画主要分为 4 类：进入动画、强调动画、退出动画和路径动画。

1）添加动画

（1）选择要设置动画的对象。

（2）在"动画"选项卡的"动画"组中，直接单击选择一种预设动画效果，如图5-13所示，或者单击"其他"按钮，在弹出的"动画样式"下拉列表中选择一种需要的动画效果。

图5-13　"动画"选项卡

（3）当需要给一个对象添加多个动画效果时，可以通过"高级动画"组中的"添加动画"功能来实现。

2）设置动画效果

（1）单击"动画"组中的"效果选项"下拉按钮，在弹出的下拉列表中进行预设效果修改。

（2）当对多个对象设置动画后，如果需要对某个动画进行效果设置，可以单击"动画窗格"按钮，打开"动画窗格"进行动画编辑。如图5-14所示，选择一个动画，在下拉菜单中选择"效果选项"命令，在打开的对话框中进行动画属性编辑，也可直接通过"计时"组进行开始方式、持续时间、延迟时间等属性的设置。

图5-14　动画窗格

3）复制动画设置

当多个对象应用同一动画效果时，可以通过"动画"选项卡中"高级动画"组的"动画刷"完成动画复制。

4）预览切换效果

选择"动画"选项卡中"预览"组的"预览"命令，可以进行当前幻灯片中对象动画效果的预览。

2. 幻灯片切换动画

幻灯片切换动画是指放映幻灯片时幻灯片进入、离开播放画面时的动画效果。幻灯片切换动画使幻灯片的过渡衔接更为自然，可提高演示度。幻灯片的切换包括幻灯片切换效果和幻灯片切换属性。PowerPoint提供了多种预设的幻灯片切换动画效果。

1）设置幻灯片切换样式

（1）选择一张或多张幻灯片。

（2）在"切换"选项卡的"切换到此幻灯片"组中直接选择或者在下拉列表中选择一种切换样式，如图5-15所示。

图5-15　"切换"选项卡

2）设置幻灯片切换属性

幻灯片切换属性包括效果选项、换片方式、持续时间和声音效果等。

（1）单击"切换"选项卡中"切换到此幻灯片"组的"效果选项"下拉按钮，选择一种切换效果。

（2）在"计时"组中设置换片方式、切换声音、持续时间等属性。

3）预览幻灯片切换动画效果

利用"切换"选项卡中"预览"组的"预览"命令，可以进行当前幻灯片切换动画效果预览。

3. 幻灯片链接设置

放映幻灯片时可以通过使用超链接和动作来增加演示文稿的交互效果。超链接和动作可以使当前幻灯片上跳转到其他幻灯片、文件、外部程序或网页，起到演示文稿放映过程的导航作用。

1）设置超链接

（1）选择要建立超链接的对象。

（2）选择"插入"选项卡下"链接"组中的"超链接"命令，打开如图 5 – 16 所示的"插入超链接"对话框，在该对话框中指定链接位置。

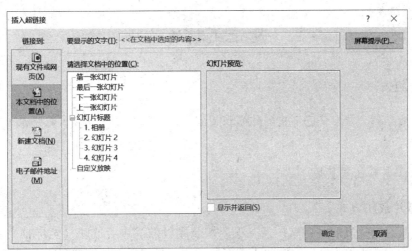

图 5 – 16　"插入超链接"对话框

在放映幻灯片时，单击设置超链接的对象，放映会跳转到所指定的位置。

2）设置动作

（1）在幻灯片中插入或选择作为动作启动的对象。

（2）选择"插入"选项卡下"链接"组中的"动作"命令，打开图 5 – 17 所示的"操作设置"对话框。

（3）在"操作设置"对话框中进行动作属性设置。

实践：完成校园宣传演示文稿的制作。

图 5 –17 "操作设置"对话框

任务三 演示文稿的放映与输出

●任务描述

以小组为单位，介绍任务二中制作的校园宣传演示文稿，并评选出做得最好的演示文稿并打印。

步骤一 演示文稿放映

1. 幻灯片放映方式

演示文稿设计完成后，在默认情况下，按照预设的演讲者放映（全屏幕）方式进行放映，但由于演示文稿在不同场合放映需求有所不同，可以根据具体的需要进行演示文稿的放映方式设置。

可以在"幻灯片放映"选项卡的"设置"组中，单击"设置幻灯片放映"按钮，打开"设置放映方式"对话框，如图 5 – 18 所示。

1）放映类型

PowerPoint 提供了 3 种播放演示文稿的方式，包括"演讲者放映""观众自行浏览"和"在展台浏览"，可根据需要进行选择。

2）放映范围

（1）在"放映幻灯片"区域进行设置。

（2）播放全部幻灯片，可选择"全部"选项。

（3）播放指定范围的幻灯片，可在组合框中设置开始和结束幻灯片编号范围。

图 5 - 18 "设置放映方式" 对话框

（4）播放已有的自定义放映，可在"自定义放映"下拉列表中选择需要的自定义放映方式。

3）设置换片方式

可以在"推进幻灯片"区域设置从一张幻灯片切换到另一张幻灯片的换片方式。

（1）手动方式，当需要在演示文稿放映过程中单击鼠标切换幻灯片，以及显示动画效果时，可选择"手动"选项。

（2）自动换页，当设置了自动换页时间时，则需要选择"如果出现计时，则使用它"选项才能够在播放幻灯片时自动切换。

4）设置放映选项

可以在"放映选项"区域制定声音文件、解说或动画在演示文稿中的运行方式。

（1）当需要连续地放映声音、动画时，可勾选"循环放映，按 ESC 键终止"复选框。

（2）当放映演示文稿但不播放解说时，可勾选"放映时不加旁白"复选框。

（3）当放映演示文稿但不播放动画时，可勾选"放映时不加动画"复选框。

（4）如果演讲者需要在放映过程中在幻灯片上写字，可以在"绘图笔触色"下拉列表中选择笔触颜色。

2. 放映演示文稿

设置好演示文稿放映方式后，即可以开始放映演示文稿。

演示文稿默认的放映方式是"演讲者放映"，因此下面主要介绍"演讲者放映"方式下放映演示文稿的方法。

1）直接放映演示文稿

演示文稿制作完毕，设置好放映方式后，如图 5 - 19 所示，可以选择"幻灯片放映"选项卡下"开始放映幻灯片"组中的"从头开始"或"从当前幻灯片开始"选项，直接播放演示文稿。

图 5-19 "幻灯片放映"选项卡

在幻灯片放映视图中，单击鼠标左键、按 Space 键、按 Enter 键等可以切换到下一张幻灯片。可通过单击鼠标右键，从快捷菜单中选择"上一张"或"下一张"命令切换幻灯片；还可以选择"定位至幻灯片"命令，在其下级菜单中选择需要切换到的幻灯片，实现切换。

在放映过程中如果要结束放映，可按 Esc 键或单击鼠标右键从快捷菜单中选择"结束放映"命令，退出幻灯片放映视图。

在放映演示文稿时，当演讲者需要在幻灯片上做标记时，可以从快捷菜单中选择"指针选项"命令，在其下级菜单中选择一种指针类型（"笔""荧光笔"）进行标记添加，所做的标记不会修改原幻灯片本身的内容。

2）自定义放映

通过创建自定义放映，可以使一个演示文稿适合不同观众的要求。通过自定义放映可以展示演示文稿中一组独立的幻灯片。创建自定义放映的具体步骤如下。

（1）在"幻灯片放映"选项卡下"开始放映幻灯片"组中，单击"自定义幻灯片放映"下拉按钮，在弹出的菜单中选择"自定义放映幻灯片"命令，打开"自定义放映"对话框，如图 5-20 所示。

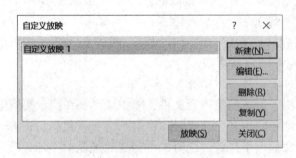

图 5-20 "自定义放映"对话框

（2）在"自定义放映"对话框中，单击"新建"按钮，打开"定义自定义放映"对话框，如图 5-21 所示，定义幻灯片放映名称，然后从"在演示文稿中的幻灯片"列表中选择幻灯片，单击"添加"按钮，添加到"在自定义放映中的幻灯片"列表中，单击"确定"按钮，返回"自定义放映"对话框。

（3）在"自定义放映"对话框中，可单击"放映"按钮预览自定义放映效果或者单击"关闭"按钮完成自定义设置。

备注：当已经存在设置好的自定义放映时，可直接在"幻灯片放映"选项卡下"开始放映幻灯片"组中，单击"自定义幻灯片放映"下拉按钮，然后在弹出的菜单中进行选择。

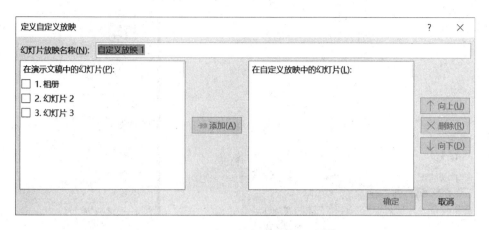

图 5 - 21　"定义自定义放映"对话框

3）排练计时

排练计时可跟踪每张幻灯片的显示时间并记录和保存这些计时，将其用于自动放映。操作步骤如下。

（1）在"幻灯片放映"选项卡下"设置"组中，单击"排练计时"按钮，幻灯片以排练模式打开并开始计时。

（2）对演示文稿中的每一张幻灯片的播放时间进行控制。

（3）在为最后一张幻灯片设置好时间后，会出现一个消息框，显示幻灯片放映的总时间，并询问是否为幻灯片放映保留这些计时，如果对计时满意，则单击"是"按钮。

如果不再需要演示文稿中设置的排练计时，可单击"幻灯片放映"选项卡下"设置"组中的"录制幻灯片演示"下拉按钮，然后选择"清除"级联菜单中的"清除所有幻灯片中的计时"命令。

备注：也可以通过"幻灯片放映"选项卡下"设置"组中的"录制幻灯片演示"命令录制幻灯片计时。

步骤二　演示文稿输出

1. 演示文稿打印

工作中用户可能需要将演示文稿打印输出。为了保证最佳的打印效果，需要进行幻灯片的页面设置。

1）页面设置

在"设计"选项卡下"自定义"组中，单击"幻灯片大小"下拉按钮，打开"幻灯片大小"对话框，如图 5 - 22 所示。在该对话框中进行打印范围、打印方向等的详细设置。

2）打印设置

选择"文件"菜单中的"打印"命令，打开图 5 - 23 所示界面。在其各功能区可以进行打印机选择、打印份数设置、打印的幻灯片范围、打印颜色设置、打印模式设置等，完成设置后单击"打印"按钮，开始打印。

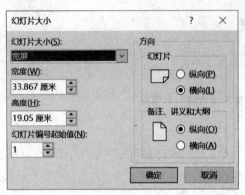

图 5-22　"幻灯片大小"对话框　　　　　图 5-23　打印设置

2. 演示文稿导出

为了提高演示文稿的通用性和可移植性，可以将演示文稿以及嵌入的所有项目打包输出。操作步骤如下。

（1）打开要打包的演示文稿。

（2）选择"文件"菜单中的"导出"命令，在级联菜单中选择"将演示文稿打包成 CD"命令，然后单击"打包成 CD"按钮，打开"打包成 CD"对话框，如图 5-24 所示。

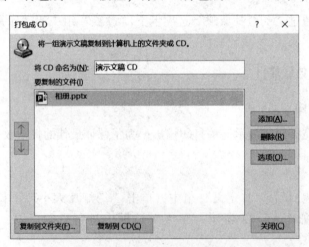

图 5-24　"打包成 CD"对话框

（3）在"打包成 CD"对话框中，可以设置 CD 名称，默认情况下包含链接文件和嵌入的字体，若要更改此项设置可单击"选项"按钮，还可以在该对话框中设置打开和修改演示文稿的密码，以增强安全性。

实践：完成任务三。

课后练习

　　（1）制作一份职业生涯规划演示文稿并打印。

　　（2）为福州制作一份旅游宣传演示文稿，用于城市宣传，介绍福州的旅游热点、风土人情、行程规划等内容。

项目六

数字媒体技术的应用

【学习目标】
- 了解图像处理、短视频剪辑的概念、工具与应用。
- 熟悉图像处理、短视频剪辑的基础知识。
- 掌握图像处理、短视频剪辑的方法。

任务一　图像处理——替换证件照背景颜色

●任务描述

在生活中，有时会碰到拍好的证件照背景颜色不符合要求的情况，使用 Photoshop 软件可以快捷地对证件照背景进行颜色更改。具体要求如下。

（1）保留证件照的人物细节；

（2）将证件照背景颜色从白色替换为红色。

步骤一　了解 Photoshop 软件

Photoshop 是集图像扫描、编辑修改、图像制作、广告创意，图像输入与输出于一体的图形图像处理软件。它拥有强大的绘图和编辑工具，可以对图像、图形、文字、动态图像等进行编辑，完成抠图、修图、调色、合成、特效制作等工作。

Photoshop 是点阵设计软件，其对象由像素构成，分辨率越高图像越大。Photoshop 软件具有超强的功能，其图像色彩丰富，但也具有文件过大，放大后清晰度下降，文字边缘不清晰的缺点。Photoshop 软件广泛应用于包装设计、广告设计、网页设计等多种设计领域。Photoshop CC 2018 如图 6－1 所示。

1. Photoshop 软件的基本概念

1）位图

位图图像（bitmap），又称为点阵图像或栅格图像，是由称作像素（图片元素）的单个点组成的。位图放大时，可以看见构成整个图像的无数单个方格。位图可以表现色彩的变化和细微的颜色过渡，图像效果逼真，其缺点是在保存时需要记录每个像素的位置和颜色值，会占用较大的存储空间。

2）矢量图

矢量图，又称为面向对象的图像或绘图图像，是一系列由点连接的线。矢量图文件中每个对象都是独立的实体，具有颜色、形状、轮廓、大小和屏幕位置等属性。矢量图文件占用存储空间较小。

图 6 – 1   **Photoshop CC 2018**

3）图层

图层就像一张张透明的纸张，按顺序叠放在一起，组合起来形成页面的最终效果。图层可以将页面上的元素精确定位。图层中可以加入文本、图片、表格、插件，也可以在图层中再嵌套图层。

4）像素

像素是组成图像的基本单元，由图像的小方格组成，这些小方格都有一个明确的位置和被分配的色彩数值，小方格的颜色和位置决定了图像所呈现的样子。

5）通道

在 Photoshop 中，不同的图像模式下，通道是不一样的。通道层中的像素颜色是由一组原色的亮度值组成的，通道实际上可以理解为选择区域的映射。

6）分辨率

分辨率，又称为解析度、解像度，可以细分为显示分辨率、图像分辨率、打印分辨率和扫描分辨率等。单位长度上的像素叫作位图的分辨率。

7）色彩模式

色彩模式是数字世界中表示颜色的一种算法。成色原理的不同，决定了显示器、投影仪、扫描仪这类靠色光直接合成颜色的颜色设备和打印机、印刷机这类靠使用颜料的印刷设备在生成颜色方式上的区别。

（1）RGB 模式：适用于显示器、投影仪、扫描仪、数码相机等；加色模式，由红、绿、蓝三色组成，每一种颜色有 0~255 的亮度变化。

（2）CMYK 模式：适用于打印机、印刷机等；减色模式，由品蓝、品红、品黄和黄色组成。

同一色彩在不同模式下编号不同。Photoshop 拾色器如图 6 – 2 所示。

2. Photoshop 工作界面

熟悉工作界面是学习 Photoshop 的基础。Photoshop 工作界面由菜单栏、属性栏、工具箱、状态栏、控制面板和工作区组成，如图 6 – 3 所示。

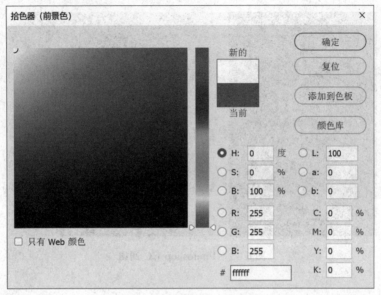

图 6 – 2　Photoshop 拾色器

图 6 – 3　Photoshop 工作界面

1）菜单栏

Photoshop 的菜单栏依次分为："文件"菜单、"编辑"菜单、"图像"菜单、"图层"菜单、"文字"菜单、"选择"菜单、"滤镜"菜单、"3D"菜单、"视图"菜单、"窗口"菜单、"帮助"菜单，如图 6 – 4 所示。

文件(F)　编辑(E)　图像(I)　图层(L)　文字(Y)　选择(S)　滤镜(T)　3D(D)　视图(V)　窗口(W)　帮助(H)

图 6 – 4　菜单栏

（1）"文件"菜单：主要用于图像文件的基本操作。

（2）"编辑"菜单：包含了各种编辑文件的操作命令。

（3）"图像"菜单：包含了各种改变图像的大小、颜色等的操作命令。

（4）"图层"菜单：包含了各种调整图像中图层的操作命令。

（5）"文字"菜单：包含了各种调整字体的操作命令。

（6）"选择"菜单：包含了创建和编辑浮动选区的操作。

（7）"滤镜"菜单：包含了为图像添加内置或外挂特殊效果的操作。

（8）"3D"菜单：包含了创建和编辑三维对象的操作。

（9）"视图"菜单：包含了查看图像视图的操作。

（10）"窗口"菜单：包含了用于图像窗口的基本操作。

（11）"帮助"菜单：包含了用于版权及获取帮助信息的操作。

2）工具栏

工具箱包含选择工具、绘图工具、填充工具、编辑工具、颜色选择工具、屏幕视图工具、快速蒙版工具等。将光标放置在工具上方，单击鼠标右键，会显示该工具下的具体工具。将鼠标放在该工具上会显示该工具名称和快捷键。

3）控制面板

Photoshop 为用户提供了多个控制面板组，包含颜色与色板，图层、通道与路径，学习、库和调整等。

3. 文件的基本操作

在学习图像美化前，应该了解 Photoshop 中一些基本的文件操作命令，如新建文件、存储文件、打开文件等。

1）新建文件

选择"文件"菜单→"新建"（Ctrl + N）命令，出现"新建"对话框，在该对话框中可以选择图像名称、宽度和高度、分辨率、颜色模式等选项，设置完成后单击"确定"按钮，完成新建文件操作，如图 6 – 5 所示。

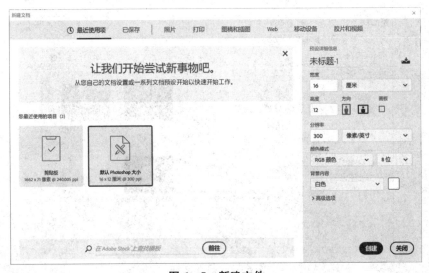

图 6 – 5　新建文件

2）存储文件

选择"文件"菜单→"存储"（Ctrl + S）命令，以"新建文件"为文件名，单击"保存"按钮，将文件保存到自己的文件夹中，或另存到其他文件夹中，如图 6 – 6 所示。

常用的图片格式为 Photoshop、JPEG、PNG 等。

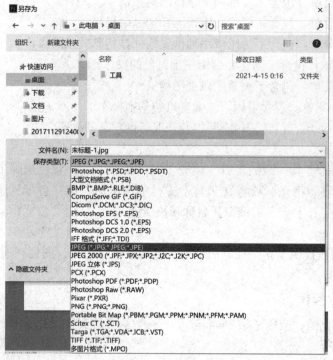

图6-6　存储文件

3）打开文件

选择"文件"菜单→"打开"（Ctrl + O）命令，弹出"打开"对话框，选择要打开的文件，单击"打开"按钮，即可打开选择的文件，如图6-7所示。

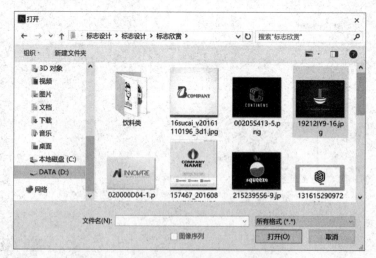

图6-7　打开文件

步骤二　调整图像大小

使用"图像大小"和"画布大小"命令可以对图像大小进行更改。图像大小指图像的分辨率、宽度和高度；画布大小指图像周围的工作区域大小。

1）调整图像大小

选择"图像"→"图像大小"命令，弹出"图像大小"对话框，如图 6 – 8 所示。在"宽度"和"高度"部分可以调整图像大小和数值单位，在"分辨率"部分可以调整图像分辨率。如一寸照片标准尺寸宽度为 2.5 厘米，高度为 3.5 厘米。"宽度"和"高度"前面的 ⑧ 符号为约束比例状态。裁剪一寸照片时保持图片宽高比，将图片高度调整为 3.5 厘米，将分辨率调整为 300 像素/英寸。

图 6 – 8 "图像大小"对话框

2）调整画布大小

选择"图像"→"画布大小"命令，弹出"画布大小"对话框，如图 6 – 9 所示。使用"画布大小"对话框可以更改画布大小。在"宽度"或"高度"部分调整参数，可重新定义画布尺寸。在"定位"部分，圆点是图像在画布中的位置，可以通过单击圆点周围的方向箭头，定义画布拓展或减小时的变化。如将图片调整为一寸照片大小，需要对宽度进行一定裁剪，将宽度调整为 2.5 厘米。

步骤三 选择图像

实用的图像选择工具有"快速选择工具"和"魔棒工具"，可根据图像颜色的变化选择图像的操作。

1. 快速选择工具

使用"快速选择工具"选择颜色差异大的图像非常便捷。该工具利用圆形画笔笔尖快速创建选区，拖动鼠标，选区会向外拓展并自动查找和跟随图像中定义的边缘。

在工具箱中找到"快速选择工具" ，在需要选择的图像上单击并拖动鼠标，就可以创建选区，如图 6 – 10 所示。被选中区域边缘用虚线表示。

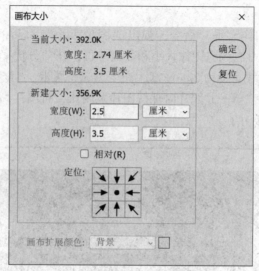

图 6 - 9 "画布大小" 对话框

图 6 - 10 使用 "快速选择工具" 创建选区

2. 魔棒工具

使用 "魔棒工具" ![icon] 可以选择颜色一致的区域，不必跟踪其轮廓。选取时在图像中所选颜色相近区域单击，可以自动选取图像中颜色在一定容差范围内相同或相近的颜色区域。"魔棒工具" 相关设置如图 6 - 11 所示。

容差： 32   ☑ 消除锯齿   ☑ 连续

图 6 - 11 "魔棒工具" 相关设置

"容差"："魔棒工具" 选取的色彩范围，数值在 0 ~ 255 之间。数值越大，选取的颜色范围越广。

"消除锯齿"：可消除选区的锯齿边缘。

"连续"：勾选该复选框时，仅选取与单击处相连的容差范围内颜色相近的区域，否则，会选取整幅图像或图层中容差范围内颜色相近的区域。

步骤四　填色

1. 油漆桶工具

使用 "油漆桶工具" ![icon] 可以在图像中填充颜色或图案，在填充前该工具会对单击位

置的颜色进行取样，从而只填充颜色相同或相近的图像区域。"油漆桶工具"相关设置如图
6 – 12 所示。

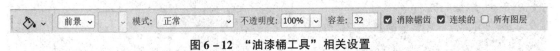

图 6 – 12 "油漆桶工具"相关设置

在工具箱中选择"油漆桶工具"，可快速填充前景颜色或图案，对填充内容的透明度、
容差范围等进行调整。

2. 填充前景色背景色

在工具箱"拾色器" 中可对前景色、背景色进行选择，可以对选中图层进行前景色
或背景色填充。填充前景色，使用"Alt + Delete"组合键；填充背景色，使用"Ctrl +
Delete"组合键。

步骤五 证件照的抠像

1. 进入"选择并遮住"模式

打开证件照素材，选择"选择"→"选择并遮住"命令。进入"选择并遮住"模式，
在右侧视图模式中可以选择选区显示方式，如图 6 – 13 所示。

图 6 – 13 "选择并遮住"模式

2. 使用"快速选择工具"

在"选择并遮住"模式中，在左上角选择"快速选择工具"，选择人物主体轮廓，如
图 6 – 14 所示。利用"Alt 键 + 选区"操作可以去除多余选区。

3. 使用"调整边缘画笔工具"

使用"调整边缘画笔工具"，对人物头发进行选取，如图 6 – 15 所示。

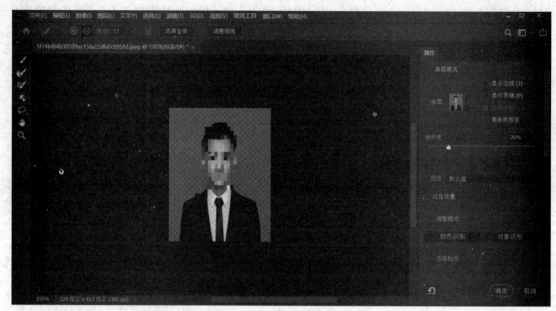

图 6 – 14　选择人物主体轮廓

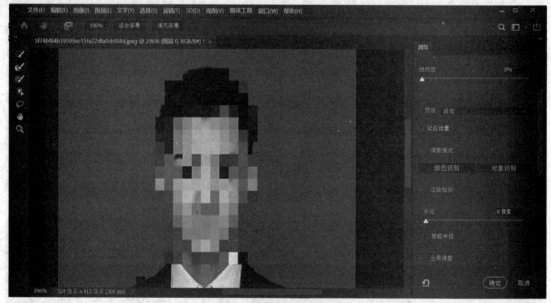

图 6 – 15　选取人物头发

4. 进行人物抠像

调整完成后单击"确定"按钮，自动对图层进行蒙版，原图像背景被删除，如图 6 – 16 所示。

5. 进行背景替换

在原图层下执行"新建图层"命令 ⬚ ，通过"拾色器"调整前景色，填充前景色至新建图层，保存图像，如图 6 – 17 所示。

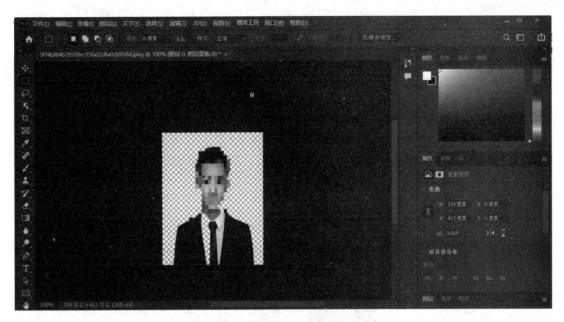

图 6 –16 人物抠像

图 6 –17 背景替换

实践：制作一张蓝底的证件照。

任务二　短视频剪辑——制作风景短视频

● **任 务 描 述**

在生活中，人们常常拍摄优美的风景照片，用于记录愉快的旅行，使用这些风景照片可以制作短视频，用于记录旅行或日常生活。具体要求如下。

（1）使用风景照片制作短视频；

（2）为短视频加入适当的背景音乐；

（3）为短视频制作题目。

步骤一　了解短视频基础知识

短视频又称为微视频、视频短片，是互联网新媒体常用的内容传播方式，时长从几秒到几分钟不等，多控制在 5 分钟以内。常见短视频平台有抖音、快手等，如图 6－18 所示。

图 6－18　常见短视频平台

短视频具有时长短、成本低、传播快、参与性强等特点，如图 6－19 所示。

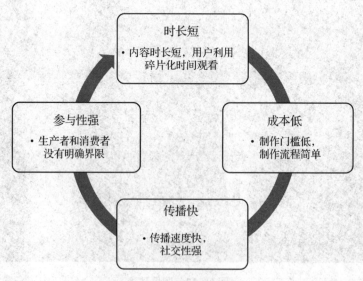

图 6－19　短视频的特点

1. 短视频制作流程

短视频制作前期需要进行前期准备、脚本策划、实际拍摄、剪辑制作，完成作品后进行上传发布和运营推广等，如图 6－20 所示。

短视频既可以由单人独立完成制作，也可以由团队协作完成制作。

图6－20　短视频制作流程

2. 短视频常用格式

随着短视频在互联网环境下的广泛应用，各短视频平台和应用端对应的短视频格式和应用标准也逐渐多样化，正确认识短视频的格式有助于在短视频制作中灵活选择和转换短视频格式。

（1）AVI（Audio Video Interleaved，音频视频交错）格式是最常用的视频格式之一。其优点是图像质量好，调用方便，应用广泛，其缺点是文件体积较大。AVI格式多用于视频压缩和存储、电视台播放等，在短视频领域应用相对较少。

（2）MPEG（Moving Picture Expert Group，动态图像专家组），简称MP4格式，采用了有损压缩的方法，减少了动态图像中的多余信息，多应用于网络平台短视频的播放与传播、视频文件格式的压缩、短视频的播放、相机视频的播放、后期剪辑等领域。

（3）MOV格式是一种高质量的视频格式，文件相对较大，支持25位彩色空间和集成压缩技术，多应用于手机拍摄、单反和微单拍摄、后期剪辑等领域。

（4）WMV（Windows Media Video，Windows媒体视频）格式是一种可以直接在网络上实时观看视频节目的压缩格式。

步骤二　了解短视频编辑软件

专业的电脑端短视频编辑软件有Adobe Premiere CC、Adobe After Effect CC、Final Cut等。非专业的电脑端短视频编辑软件有"会声会影""爱剪辑"等。

拍摄短视频多使用手机摄像头，因此移动端短视频编辑软件在短视频编辑处理中使用更加广泛，常用的有"剪映"、Videoleap等。

（1）Adobe Premiere CC是Adobe公司推出的基于非线性编辑设备的视音频编辑软件，广泛应用于电视制作、广告制作、电影剪辑等领域。

（2）Adobe After Effect CC是专业级影视合成软件，适用于从事设计和视频特效的机构，包括电视台、个人后期工作室以及数字媒体工作室等。Adobe After Effect CC可以与Adobe公司其他产品如Premiere、Photoshop等软件集成合作。

（3）"会声会影"是针对家庭娱乐、个人纪录片制作的简便型视频编辑软件。其操作步骤简单、便捷，用户可跟随软件引导，进行视频和图像素材的处理，简单易学。

（4）"剪映"简单易用，具有大量视频特效和贴纸工具，可与抖音、西瓜视频集成使用，是移动端最常用的短视频编辑工具。

步骤三　使用"剪映"进行视频编辑

在移动端下载"剪映"App，打开"剪映"。单击"开始创作"按钮可以进行素材的导入，在导入页面可以选择视频素材、照片素材或实况照片素材。选择需要的素材后，单击"添加"按钮即可进入视频编辑页面。

在视频编辑页面右上角可以打开帮助中心，查看软件使用说明。

视频编辑页面分为预览区域、时间线区域和工具栏区域，如图6-21所示。

图6-21 手机版"剪映"视频编辑页面的组成

（1）预览区域右上角"1080P"下接列表可调整视频分辨率、帧率和智能HDR。左下角显示当前时间和总时长。▷为播放按钮，可播放视频进行预览。右下角 ██ 为撤销操作和恢复操作按钮。██ 按钮可对视频进行全屏预览。

（2）时间线区域中心的白色竖线为时间轴，上方显示时间的部分是时间刻度，如图6-22所示。中间的部分为时间线，可以随意拉动以对素材进行查看。在时间线上可以添加视频轨道、音频轨道、文本轨道、贴纸轨道等。单击轨道上的素材可以对素材进行编辑。

```
                00:00              00:02
```

图6-22 时间刻度

（3）工具栏区域包含"剪辑""音频""文本""贴纸""画中画""特效""滤镜""比例""背景""调节"等工具，单击工具名称可打开二级工具进行具体操作。剪辑完成后单击右上角的"导出"按钮，即可保存视频到相册或分享至抖音、西瓜视频等平台。

步骤四 剪辑风景视频

1. 导入素材

单击"开始创作"按钮，选择需要使用的照片素材，如图6-23所示。

单击"添加"按钮，将照片添加到素材库中。

2. 剪辑素材

单击照片素材，拖动左、右两边的白色边框，调整播放时间，如图 6 – 24 所示。

图 6 – 23　导入素材

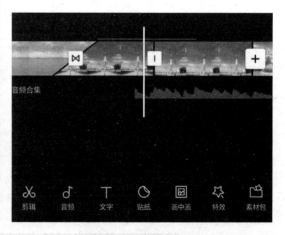

图 6 – 24　调整播放时长

单击两张照片素材之间的白色方框，添加转场效果，如图 6 – 25 所示。如要将远景切换到近景，可选择"运镜转场"→"推进"效果。依据照片素材的特征在每两张照片素材之间添加转场效果。

3. 添加音频

单击照片素材下方的"添加音频"按钮，选择适当的音乐，单击"使用"按钮，如图 6 – 26 所示。

图 6 – 25　添加转场效果

图 6 – 26　添加音频

单击音频拖动，调整音频起始位置，如图 6 – 27 所示。拖动音频左、右的白色边框，调整音频长度至适当长度。

4. 添加标题

选择工具栏中的"文本"→"新建文本"命令，输入文字"春日"，拖动文本素材至开头位置，如图 6 – 28 所示。

图 6 – 27　调整音频起始位置

图 6 – 28　调整文本素材

5. 导出视频

剪辑完成，单击右上角的"导出"按钮，即可将视频保存至手机，如图6-29所示。

图6-29 导出视频

实践：完成任务二。

课后练习

（1）将日常生活照更改为证件照，将背景颜色更改为蓝色。

（2）为你所在的班级制作一份宣传短视频。

项目七

Internet 的应用

【学习目标】

- 了解计算机网络的概念、功能、组成与分类。
- 掌握 Internet 基础知识。
- 掌握家庭常用无线路由器的设置。

任务一　搜索并打印福建省高校信息

● 任务描述

在高考季到来的时候，搜索并打印福建高校的信息，发送给其他需要的同学或朋友。

步骤一　了解 Internet

Internet 最早来源于美国国防部高级研究计划局建立的 ARPANET，该网络于 1969 年投入使用，是美国国防部用来连接国防部军事项目的研究机构与大专院校的工具，目的是进行信息交换。1983 年，ARPANET 分成两部分：一部分供军用，称为 MILNET；另一部分仍称作 ARPANET，供民用。后来供民用的 ARPANET 逐渐发展成为 Internet 的主干网，在 20 世纪 90 年代，整个网络向公众开放。

从 1994 年开始至今，中国实现了和 Internet 的连接，从而逐步开通了 Internet 的全功能服务，Internet 在我国进入飞速发展时期。

1. IP 地址

正如每部电话必须有一个唯一的电话号码一样，Internet 中的每个网络和每台计算机都必须有一个唯一的地址，这就是 IP 地址。利用 IP 地址，信息可以在 Internet 上正确地传送到目的地，从而保证 Internet 成为向全球开放互连的数据通信系统。

IP 地址提供统一的地址格式，目前有 IPv4 和 IPv6 两种表示方式，IPv4 由 32 个二进制位（bit）组成，IPv6 由 128 个二进制位（bit）组成。IPv4 应用最为广泛，常用"点分十进制"方式来表示。

2. 域名（DN）

在 Internet 中可以用各种方式来命名计算机。为了避免重命名，Internet 管理机构采取了在主机名后加上后缀名的方法，这个后缀名称为域名（Domain Name），用来标识主机的区域位置。这样，在 Internet 中的主机就可以用"主机名.域名"的方式唯一地进行标识。例如"www. hnsfjy. net"，其中"www"为主机名，"hnsfjy. net"为域名（hnsfjy 为河南司法警官职业学院名，net 表示网络组织。这是按照欧美国家的地址书写习惯，根据域的大小，从小到大排列）。域名系统需要通过域名服务器（DNS）的解析服务转换为实际的 IP 地址，才能实现最终的访问。域名是通过合法申请得到的。

表 7-1 所示为常用的域名分类。表 7-2 所示为部分国家和地区的域名。

表 7-1 常用的域名分类

域代码	服务类型	域代码	服务类型
com	商业机构	net	网络组织
edu	教育机构	mil	军事组织
gov	政府部门	org	非营利组织
int	国际机构	—	—

表 7-2 部分国家和地区的域名

国家和地区代码	国家和地区名	国家和地区代码	国家和地区名
au	澳大利亚	hk	香港
br	巴西	It	意大利
ca	加拿大	Jp	日本
cn	中国	kr	韩国
de	德国	sg	新加坡
fr	法国	tw	台湾
uk	英国	us	美国

3. IP 地址、域名与网址（URL）的关系

域名与 IP 地址之间实际上存在一种作用相同的映射关系。可以通过一个形象的类比来表示。

（1）IP 地址可以类比为单位的门牌号码。例如：河南司法警官职业学院的门牌号码是"文劳路 3 号"，学校的网站 IP 地址是 218.28.138.35。

（2）域名可以类比为单位的名称。例如：河南司法警官职业学院的单位名称是"河南司法警官职业学院"，学校网站的域名是 hnsfjy.net。

（3）网址（URL）说明了以何种方式访问了哪个网页，例如，"我要坐公共汽车到河南司法警官职业学院，然后查看学院的院系设置"，通过 HTTP 来访问河南司法警官职业学院的院系设置情况。

步骤二 搜索信息

搜索引擎是一个对互联网上的信息资源进行搜集整理，然后供用户查询的系统，它包括

信息采集、信息整理和用户查询 3 个部分。用户在搜索时可以使用逻辑关系组合关键词，可以限制查找对象的地区、网络范围、数据类型、时间等，可以对满足选定条件的资源准确定位，还可以使用一些基本的搜索规则使搜索结果更迅速准确，例如使查询条件具体化，查询条件越具体，就越容易找到所需的信息；或者使用加号把多个条件连接起来，有些搜索引擎可以用空格代替加号；也可以使用减号把某些条件排除；还可以使用引号限定精确内容的出现。例如，当使用百度进行学术搜索时，大部分人可能只想搜索期刊论文或学位论文，但是搜索时会出现很多专利文献，这时可以在搜索框中输入"–patent"。这就可以过滤掉绝大部分专利文献结果。

下面介绍一些优秀的搜索引擎。

1. 中文搜索引擎

百度搜索引擎：全球最大的中文搜索引擎之一，可以查询新闻、网页、图片、视频等，具有百度贴吧、百度知道等模块。

新浪搜索引擎：规模最大的中文搜索引擎之一，提供网站、中文网页、英文网页、新闻、汉英辞典、软件、沪深行情、游戏等多种资源的查询。

搜狐搜索引擎：搜狐公司于 1998 年推出中国首家大型分类查询搜索引擎，到现在已经发展成为中国影响力最大的分类搜索引擎之一，可以查找网站、网页、新闻、网址、软件、黄页等信息。

搜狗搜索引擎：搜狗高速浏览器由搜狗公司开发，基于谷歌 Chromium 内核，力求为用户提供跨终端无缝使用体验，让上网更简单、网页阅读更流畅。

2. 英文搜索引擎

Yahoo：有英、中、日、韩、法、德、意、西班牙、丹麦等 10 余种语言版本，各版本的内容互不相同，目录分类比较合理，层次深，类目设置好，网站提要严格清楚。网站收录丰富，检索结果精确度较高，有相关网页和新闻的查询链接，具有高级检索功能，支持逻辑查询，可限时间查询。

AltaVista：有英文版和其他几种西文版，搜索首页不支持中文关键词搜索，能识别大小写和专用名词，支持逻辑条件限制查询，高级检索功能较强；提供检索新闻、讨论组、图形、MP3/音频、视频等检索服务以及频道区（zones），可对诸如健康、新闻、旅游等类别的内容进行专题检索；有英语与其他几国语言的双向在线翻译服务，有可过滤搜索结果中有关毒品、色情等不健康的内容的"家庭过滤器"功能。

Excite：是一个基于概念性的搜索引擎，它在搜索时不只搜索用户输入的关键字，还可"智能性"地推断用户要查找的相关内容进行搜索。除美国站点外，还有中文及法国、德国、意大利、英国等多个站点。查询时支持英、中、日、法、德、意等 11 种文字的关键字。提供类目、网站、全文及新闻检索功能。目录分类接近日常生活，细致明晰，网站收录丰富。网站提要清楚完整。搜索结果数量多，精确度较高。有高级检索功能，支持逻辑条件限制查询（AND 及 OR 搜索）。

Go：提供全文检索功能，并有较细致的分类目录，还可搜索图像。网页收录极其丰富，以西文为主。查询时能够识别大小写和成语，且支持逻辑条件限制查询（AND、OR、NOT 搜索等），高级检索功能较强，另有字典、事件查询、黄页、股票报价等多种服务。

Lycos：是多功能搜索引擎，提供类目、网站、图像及声音文件等多种检索功能。搜索结果精确度较高，尤其是搜索图像和声音文件的功能很强。有高级检索功能，支持逻辑条件限制查询。

3. FTP 搜索引擎

FTP 搜索引擎的功能是搜集匿名 FTP 服务器提供的目录列表以及向用户提供文件信息的查询服务。由于 FTP 搜索引擎专门针对各种文件，因此相对于 WWW 搜索引擎，搜索软件、图像、电影和音乐等文件时，使用 FTP 搜索引擎更加便捷。以下是一些 FPT 搜索引擎：

http://www. alltheweb. com

http://www. filesearching. com

http://www. ftpfind. com

4. 特色搜索引擎

常用的特色搜索引擎主要有以下几个。

SOGUA（http://www. sogua. com）：搜索中文 MP3 歌曲。

谷歌图像搜索：图片搜索工具。

Lycos（http://www. lycos. com）：多媒体搜寻。

Who where（http://www. whowhere. com）：寻人网站。

FAST（http://www. fastsearch. com）：可以同时搜索各种格式的多媒体文件。

MIDI Explorer（http://www. musicrobot. com）：搜索 MIDI 音乐文件。Microsoft Edge（ME）是微软公司开发的浏览 Internet 的工具，用来替换老旧的 Internet Explorer，也是目前应用最为广泛的 Web 浏览器。

因为 ME 是系统自带的浏览器，在 Windows 桌面上和任务栏的快速启动工具栏中都有一个 ME 浏览器图标，双击图标即可启动 ME 浏览器。

为了使用方便，可以对 ME 浏览器进行一些简单的设置。

可以把需要经常访问的页面设置为 ME 主页，方法如下。在 ME 浏览器窗口右上角单击"设置与其他"按钮（图 7－1），打开"设置"界面，单击左侧的"启动时"按钮，打开图 7－2 所示"启动时"窗口。在单击"添加新页面"按钮之后弹出的对话框中输入要设置的网页 URL，单击"确定"按钮即可。这样，当打开网页时，默认页面即该主页了。

图 7－1 "设置与其他"按钮

打开 ME 浏览器，在地址栏中输入某个搜索引擎网站的网址，例如"www. baidu. com"，出现图 7－3 所示的界面。

在文本框中输入要搜索的关键字"福建高校名单"，单击"百度一下"按钮，即可出现图 7－4 所示的界面。

根据搜索结果的提示，经过查看找到满足自己需要的结果，如图 7－5 所示。

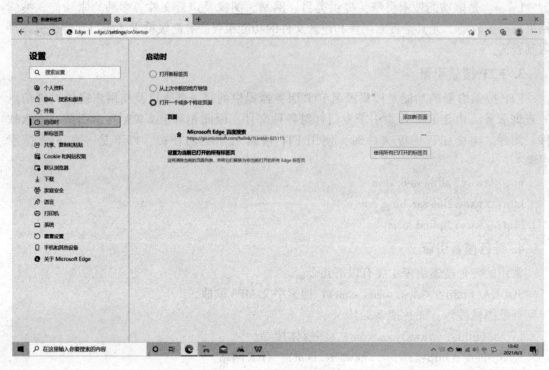

图7-2 "启动时"窗口

图7-3 百度网站首页

图7-4 关键字"福建高校名单"的搜索结果

图7-5 在ME浏览器中找到满足需要的网页

步骤三 打印、保存网页

1. 网页的浏览

1) 通过地址栏浏览网页

在ME浏览器窗口的地址栏中输入某一网页的网址, 然后按Enter键即可进入该网页。

2) 通过超级链接浏览网页

网页中通常包含跳转到其他Web页面以及其他Web站点主机的指针链路, 称为超级链接，它可以是图片或彩色文字（通常带下划线）。当用户把鼠标指针移到某个超级链接上时，鼠标光标变成一个小手形状，同时该超级链接所指向的 URL 地址出现在屏幕底部的状态栏中，此时只要单击，便可进入该超级链接所指向的另一个页面或进入一个新的 Web 站点。

3）通过历史记录浏览网页

ME 浏览器能够跟踪并记录用户最近访问过的网页，并将这些网页的链接保存起来。要查阅曾经访问过的全部网页的详细列表，可以单击 ME 浏览器窗口右上角的"🕒"按钮，如图 7-6 所示，可看到按照日期顺序列出的用户几天或者几周内曾经访问过的 Web 站点记录。单击某个 Web 站点记录或者某个网页标题即可打开相关网页。

图 7-6　历史记录

如果想清除所保存的历史记录，单击"删除历史记录"按钮，或将鼠标光标移到想删除的历史记录上，单击后面的叉号即可。

如果你想找回误关的网页，单击"最近关闭"栏，在其中寻找你想要找回的网页。

4）使用收藏夹浏览网页

用户可将经常访问的 Web 站点或网页的网址添加到 ME 浏览器的收藏夹列表中，以后再访问其中某个网页时，只需打开收藏夹，单击其中的链接即可。将某个网页添加到收藏夹中的方法是选择"收藏夹"→"添加到收藏夹"命令，如图 7-7 所示，在弹出的对话框中单击"添加"按钮即可，如图 7-8 所示。

图 7-7　选择"添加到收藏夹"命令

图 7 - 8 将网页添加到收藏夹中

如果保存在收藏夹中的网页快捷方式太多，则需要整理收藏夹，选择"收藏夹"→"整理收藏夹"命令，可以在弹出的对话框中对收藏夹进行整理，如创建子文件夹、分类保存网页等。

2. 网页的保存

1）保存当前整个网页

选择"文件"→"另存为"命令，在弹出的"保存网页"对话框中选择保存文件的路径、保存文件的文件名、文件类型。大部分网页都是 HTML 文件，因此文件类型应选择"HTML"。当然也可以选择文件类型为 TXT 文本文件，在这种情况下，HTML 文件中包含的超级链接信息将会丢失。设置好之后，单击"保存"按钮即可。

2）保存网页中的文本信息

对于网页中感兴趣的文章或段落，可随时用鼠标将其选定，然后利用剪贴板功能将其复制和粘贴到某个文档中或需要的地方。

3）保存网页中的图片

用户在浏览网页时，若要将一些感兴趣的图片保存起来，可在要保存的图片上单击鼠标右键，在弹出的快捷菜单中选择"图片另存为"命令，在弹出的"保存图片"对话框中指定该图片要存放的路径名与文件名，单击"保存"按钮即可。

如果网页中图片比较小，则该图片可能是缩略图，此时，单击缩略图打开图片后再执行保存操作，即可保存完整的图片。

4）直接保存网页

ME 浏览器允许在不打开网页时直接保存感兴趣的网页。用鼠标右键单击所需要保存网页的链接，从弹出的快捷菜单中选择"目标另存为"命令，即开始下载该网页。在打开的"另存为"对话框中输入要所保存网页的文件名，选择该文件的类型并指定保存位置，单击"保存"按钮即可。

3. 网页的打印

对网页进行打印之前，首先要进行页面设置。操作步骤如下。

（1）打开需要打印的网页。

（2）单击 ME 浏览器工具栏中的"打印"按钮，打开"打印"对话框，在左侧进行打印页面设置。

（3）在"边距"区域，可以自定义页边距大小（以毫米为单位）。

（4）在"方向"区域，选择"纵向"或"横向"选项，指定页面打印的方向。

（5）进行必要的设置之后，在"打印"对话框右侧可以看到"打印预览"界面，如果对效果满意，就可以选择"打印"命令打印输出了。

除了可以使用 ME 浏览器工具栏中的按钮进行操作，也可以使用菜单命令进行操作。单击 ME 浏览器右上角的"设置与其他"按钮，选择"打印"命令，如图 7－9 所示。在弹出的对话框左侧可以设置打印机、份数、布局、页面、颜色，以及纸张、页眉和页脚、方向、页边距等，右侧为打印预览界面，如图 7－10 所示。

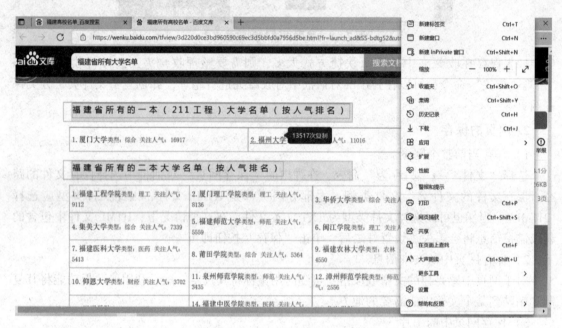

图 7－9　选择"打印"命令

图 7－10　页面设置及打印预览

通过打印预览界面上方的工具栏按钮进行调整，满意之后即可打印输出。

要把网页发送给别人，则首先要把网页保存。单击"设置与其他"按钮，选择"更多工具"→"将页面另存为"命令，在打开的"另存为"对话框中选择要保存文件的路径，输入文件名，选择文件类型，单击"保存"按钮即可。

步骤四　申请电子邮箱

电子邮件（简称 e – mail），是 Internet 中最广泛、最受欢迎的网络功能之一。电子邮件的使用方式一般分为 Web 方式和客户端软件两种方式。

所谓 Web 方式，是指在 Windows 环境中使用浏览器访问电子邮件服务商的电子邮件系统网址，在该电子邮件系统网址上，用户输入用户名和密码，进入用户的电子邮箱，然后处理用户的电子邮件。用户无须特别准备设备或软件，只要可以浏览 Internet，即可使用电子邮件服务商提供的电子邮件功能。

所谓客户端软件方式，是指用户使用一些安装在个人计算机上的支持电子邮件基本协议的软件产品，使用和管理电子邮件。这些软件产品（例如 Microsoft Outlook 和 Foxmail）往往融合了最先进、全面的电子邮件功能，利用这些客户端软件可以进行远程电子邮件操作，还可以同时处理多账号电子邮件。远程电子邮箱操作有时是很重要的，在下载电子邮件之前，对电子邮箱中的电子邮件根据发信人、收信人、标题等内容进行检查，以决定是下载还是删除，这样可以防止把联网时间浪费在下载大量垃圾邮件上，还可以防止病毒侵扰。

电子邮箱的格式由用户名和邮件服务器组成。例如 "Username@ Mailserver. Domain"，其中，"Username" 是用户名，"@" 是电子邮件符号，"Mailserver. Domain" 为邮件服务器，形式为"主机 . 域"。

电子邮件系统的常用功能如下。

（1）写信和发信（回复/转发/抄送/密送/重发）；

（2）收信和读信；

（3）通信录（地址簿）；

（4）邮件管理（分文件夹/分账户）；

（5）远程信息管理。

说明：被抄送和被密送的地址都将收到电子邮件，其不同之处在于被抄送的地址将会显示在收件人地址列表中，而被密送的地址不会显示在收件人地址列表中。这样，其他收件人会知道该电子邮件被寄送给谁和抄送给谁，但不会知道该电子邮件被密送给谁。

要使用免费电子邮箱，需要先申请，很多网站都提供免费电子邮箱服务，如搜狐、新浪、网易等。申请电子邮箱的步骤如下。

（1）在浏览器中输入网站的网址 "http://www. 163. com/"（以注册 163 邮箱为例），在首页中选择"注册免费邮箱"命令，进入如图 7 – 11 所示的页面。

（2）输入电子邮箱地址。在"邮箱地址"文本框中输入注册名称，如果输入的名称已经被注册，会弹出"该邮箱地址已被占用或不可注册"的提示，同时弹出建议使用的地址，如图 7 – 12 所示。

图7-11 注册免费电子邮箱页面

图7-12 输入电子邮箱地址（1）

　　用户可以选择系统建议的地址，也可以重新输入新的地址进行注册，直到弹出"该邮件地址可以注册"的提示信息，如图7-13所示。

　　（3）设置密码。密码要满足长度和安全性的要求，如图7-14（a）、（b）所示。输入满足要求的密码后的页面如图7-14（c）所示。

图7-13　输入电子邮箱地址（2）

图7-14　设置密码

（4）输入手机号码后，弹出验证码的文本框。单击"获取验证码"链接，验证码会发送到注册人的手机中，输入验证码后，勾选"同意《服务条款》、《隐私政策》和《儿童隐私政策》"复选框，单击"立即注册"按钮，如图7-15所示。

图7-15　输入验证码

完成注册后弹出图7-16所示的页面，表明已成功申请电子邮箱。

图 7 - 16　电子邮箱申请成功

步骤五　发送电子邮件

（1）进入电子邮箱。在网易首页单击"登录"按钮，输入电子邮箱地址和密码，在账号的下拉列表中选择"我的邮箱"选项，如图 7 - 17 所示。

图 7 - 17　进入电子邮箱

（2）撰写电子邮件。在图 7 - 18 所示的电子邮箱页面中单击"写信"按钮，进入图 7 - 19所示的写信页面。

（3）添加收件人。在收件人列表框中输入收件人电子邮箱的地址，如果要将电子邮件发送给多个人，可以在抄送地址栏中输入其他人的电子邮箱地址，多个电子邮箱地址之间要用"，"分隔。

图 7-18 电子邮箱页面

图 7-19 写信页面

（4）添加附件。为了把刚才保存的页面发送出去，需要把保存文件作为附件发送，单击主题下方的"添加附件"按钮，出现图7-20所示的页面。

在"打开"对话框中选择之前保存文件的路径、文件的名称，单击"打开"按钮即可。重复操作可以添加多个附件。

（5）发送邮件。附件添加成功之后会回到写信页面，添加电子邮件的主题和内容之后，单击"发送"按钮，即可以把电子邮件发送出去。

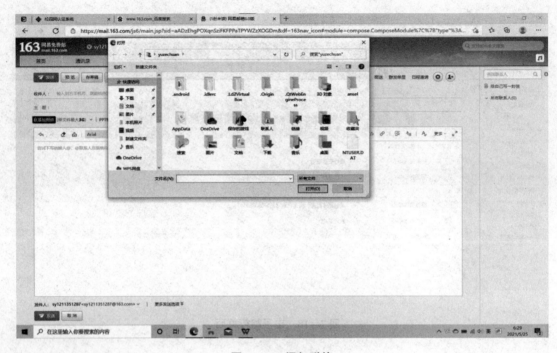

图 7-20 添加附件

任务二 下载网络资源

本任务采用直接下载文件的方式实现，即使用 HTTP（Hyper Text Transportation Protocol，超文本传输协议），它是计算机之间交换数据的协议。所谓"直接下载"，就是指不借助下载工具，而直接利用 WWW 下载所需的资源。直接下载是从 Internet 上获取所需资源的最基本方法，是办公人员必须掌握的方法。

浏览器（如 ME）的"本职工作"就是解读按照这种 HTTP 制作的网页。Web 网页上的各种资源都有一个 URL 地址，比如说某个图片的 URL 是 "http://www. aaa. com/a. jpg"，某个页面的 URL 是 "http://www. aaa. com/default. html"，等等。当 ME 浏览器"看到" URL 地址时，会将其显示出来。但是如果碰到 "http://www. aaa. com/a. exe" 这种扩展名为 "exe" 的文件该怎么办呢？这种文件可不能显示出来，这时 ME 浏览器会弹出一个对话框供给用户操作，用户就是通过这种方式下载所需的资源的。

下面以从 Internet 上下载微信的 PC 客户端为例对下载网络资源操作进行详细的说明。操作步骤如下。

（1）打开百度网站。

（2）在搜索框中输入"微信"，单击"百度一下"按钮，出现图 7-21 所示搜索结果页面。

图7－21　搜索结果页网

（3）选择"微信"搜索结果，单击微信官网链接，打开图7－22所示页面。

图7－22　微信官网页面

（4）根据自己使用的操作系统选择微信的版本。此处单击选择"Windows"图标，进入图7－23所示的Windows版微信下载界面。

（5）单击"立即下载"按钮，下载软件，完成下载后按照提示安装软件即可。

图7-23 Windows版微信下载界面

任务三 家庭常用无线路由器的设置

随着智能便携式终端的流行，无线路由器成为每个家庭的必备物品，下面以目前使用最普遍的家庭常用无线路由器为例，介绍无线路由器的设置流程。

步骤一 认识 Internet 的接入方式

用户必须将自己的个人计算机与 Internet 服务提供商（Internet Service Provider，ISP）的主机相连，接入 Internet，才能上网获取所需信息。用户的个人计算机与 ISP 主机的连接方式和所采用的技术，称为 Internet 接入技术。Internet 接入技术的发展非常迅速，带宽增加了，接入方式也由过去单一的电话拨号方式，发展成多种多样的有线和无线接入方式，接入终端也开始向移动设备的方向发展，并且更新更快的接入方式仍正在不断地被研究和开发出来。

根据接入后数据传输的速度，Internet 的接入方式可分为宽带接入和窄频接入。

1. 常见的宽带接入方式

常见的宽带接入方式有 ADSL（Asymmetric Digital Subscriber Line，非对称数字专线）接入、有线电视接入、光纤接入和无线（使用 IEEE 802.11 协议）宽带接入、卫星宽带接入。

（1）ADSL 接入方式带宽的上行速率最高为 640 kbit/s，下行速率最高为 8 Mbit/s。ADSL技术利用原有普通电话线，采用新的调制解调技术，大大提高了数据传输速率。ADSL对电话线路的要求较高，使用 ADSL 比使用普通调制解调器拨号接入有许多优点，例如：用户可享受高速的宽带网络服务、节省费用、上网时不需要另交电话费、上网时可同时打电话等。

（2）有线电视接入方式的带宽范围为 3~34 Mbit/s。它是近几年随着网络应用的日益广泛而发展起来的，主要用于有线电视（CATV）网的数据传输。在中国，广电部门在 CATV 网上开发的宽带接入技术已经成熟。CATV 网的覆盖范围广，入网户数多，网络频谱范围宽，起点高，大多数新建的 CATV 网都采用光纤同轴混合网络，使用 550 MHz 以上频宽的邻频传输系统，极适合提供宽带功能业务。

（3）光纤接入方式以光纤作为传输媒体，传输速率比较高。光纤接入可以分为有源光接入和无源光接入。光纤用户网的主要技术是光波传输技术。光纤接入是一种经济有效的方式，特别是当带宽成为瓶颈时。

（4）无线宽带接入方式的带宽范围为 1.5~540 Mbit/s。无线局域网是有线局域网的延伸，是没有线缆限制的网络连接，对用户来说是完全透明的。与有线局域网一样，无线局域网需要的硬件有无线路由器和无线网卡。但是无线路由器有个缺点，就是信号覆盖范围比较小，而且在障碍较多时信号差。例如有的无线路由器的限制范围是 100 m 之内，穿过几堵墙基本就没有信号了。

（5）卫星宽带接入方式是指用户直接通过卫星访问 Internet。目前卫星宽带接入方式的速率一般为 400 kbit/s，下载多媒体时速率可高达 3 Mbit/s。它的优点是接入速率高，不受地域限制，真正实现了 Internet 的无缝接入，同时还可接收卫星电视信号。其缺点是受气候影响，特别受雨雪天气影响比较大，同时初期投入费用较高。

2. 常见的窄带接入方式

常见的窄带接入方式有电话拨号接入、窄频 ISDN 接入、GPRS 手机上网、UMTS 手机上网、CDMA 手机上网。

（1）电话拨号是通过公用电话交换网接入 Internet。电话拨号接入技术成熟，所需的硬件便宜，而且其硬件安装方便、简单、便于普及。由于在上网的同时，用户不能接听电话，而且接入 Internet 的速率较慢，所以用这种方式已逐渐被其他方式取代。

（2）ISDN（Intergrated Services Digital Network，整合服务数字网络）是一种数字电话连接系统，该系统可以让全世界的点对点连接同时进行数据传输。ISDN 是最早为人们接受的宽带上网方式，除了具备 128 kbit/s 的传输速率外，ISDN 也能让使用者一边上网，一边打电话。然而，除了上网外，更多的 ISDN 用户所青睐的是其语音与资料传输同时使用的特性，因此点对点的通信是 ISDN 受欢迎的最重要原因，如跨县市公司的视讯会议系统、医院的远程医疗系统、学校的远程教学等。

（3）GPRS（General Packer Radio Service，通用无线分组业务）手机上网的带宽最大为 53 kbit/s。GPRS 是一项高速数据处理科技，以分组的形式把数据传送到用户手上。GPRS 技术可以令手机上网省时、省力、省花费。打个比方，GPRS 就好比移动通信设备的 ADSL，而 GSM（全球移动通信系统）就是普通固定电话线。

（4）UMTS（Universal Mobile Telecommunications System，通用无线通信系统）对于所有用户和无线环境都是一样的，即使用户从本地网络漫游到其他 UMTS 网络，也会感觉自己好像还在本地网络中，这就是虚拟本地环境，即不管用户位于何时何地，以何种方式接入，虚拟本地环境都将保证业务提供者整个环境的传输（包括用户的虚拟工作环境）。UMTS 可支持高达 2 Mbit/s 的速率，与 IP 结合将更好地支持交互式多媒体业务和其他宽带应用（如可视电话和会议电视等），实际上只要有足够的带宽，UMTS 可支持更高的速率。

（5）CDMA（Code Division Multiple Access，码分多址）是在数字技术的分支扩频通信技术上发展起来的一种崭新而成熟的无线通信技术。CDMA 1x 是现在联通 CDMA 网络所采取的技术。它指的是 CDMA2000 1x，与真正的 CDMA2000 相比，CDMA 1x 最高只能支持 153.6 kbit/s的速率，因此被称为 2.5 G 的技术，还不是真正 3 G 的技术。

总的说来，不管采用哪种方式，用户计算机要接入 Internet，先要做接入前的准备工作，包括准备上网所需的电话线和计算机、调制解调器或网卡、手机等硬件设备；安装相应的设备驱动程序、操作系统以及浏览器等客户端软件。此外，还要对已安装的软件进行必要的设置。

步骤二　物理（线缆）连接

无线路由器的连接如图 7 – 24 所示。

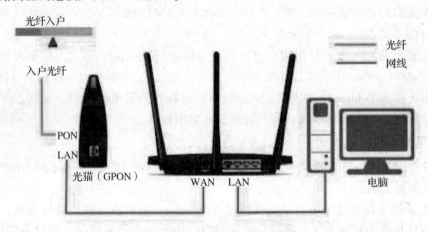

图 7 – 24　无线路由器的连接

（1）用网线将无线路由器连接至运营商提供的 Internet 网关（学名为 GPON 终端，俗称光猫），网线一端连接无线路由器的 WAN 口，另一端连接光猫的 LAN 口。

（2）用一根网线将无线路由器的 LAN 口连接至计算机的网卡插口。

（3）将无线路由器加电。

步骤三　无线路由器的基本配置

（1）在无线路由器的背面可以看到无线路由器的 IP 地址，一般为 192.168.1.1，部分设备是 192.168.0.1。

（2）打开浏览器，在地址栏中输入无线路由器的 IP 地址，密码一般是"admin"或者空，特别说明如下。

①手机端浏览器配置无线路由器时，将手机 WiFi 连接至当前设备的服务集标识 SSID，连接成功后，在手机浏览器的地址栏中输入无线路由器的 IP 地址。

②计算机端浏览器配置无线路由器时，需要将计算机的网卡参数调整为"自动获取"状态，等获取地址参数后在计算机端浏览器的地址栏中输入上述地址进行配置即可。

（3）登录之后在左侧导航栏中选择"网络参数"→"WAN 口设置"命令，在右侧输入网络供应商提供的账号和密码，单击"保存"按钮即可，如图 7 – 25 所示。

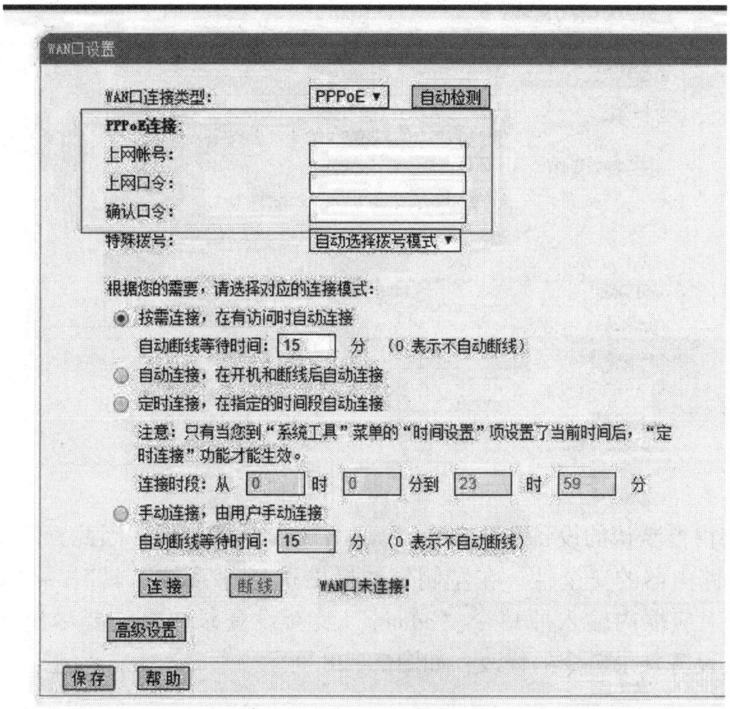

图 7 – 25　WAN 口设置

（4）在左侧导航栏中选择"无线设置"→"基本设置"命令，然后在右侧的"SSID号"框中输入无线 WiFi 名称（SSID），单击"保存"按钮即可，如图 7 – 26 所示。

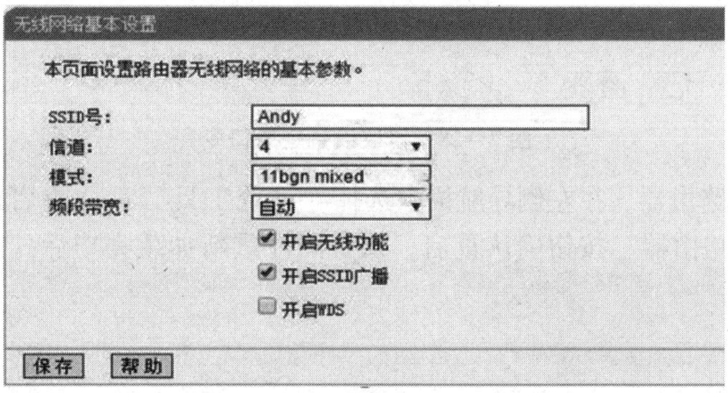

图 7 – 26　无线网络基本设置

步骤四　无线路由器的安全设置

完成上述基本配置后，无线路由器虽然可以使用，但还不够安全，需要进行下面的操作。

（1）在左侧导航栏中选择"无线安全设置"→"WPA – PSK/WPA2 – PSK"选项，在"PSK 密码："框中输入自己的 WiFi 密码（要求长度不少于 8 个字符，采用数字及大小写字母，最好再结合特殊符号），单击"保存"按钮，如图 7 – 27 所示。

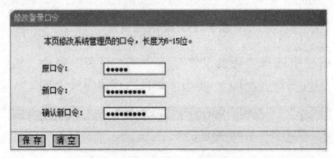

图7-27 无线路由器的安全设置

（2）无线路由器默认的设备登录口令"admin"安全性较低，因此，需要修改设备登录口令来提高无线路由器的安全性。在左侧导航栏中选择"系统工具"→"修改登录口令"命令，并在右侧对应框内输入原口令"admin"及新设登录口令，要尽量复杂，单击"保存"按钮，完成设备登录口令的修改，如图7-28所示。

图7-28 修改设备登录口令

（3）重启无线路由器。在左侧导航栏中选择"系统工具"→"重启路由器"命令，并在右侧单击"重启路由器"按钮确认重启。设备固件重新加载完毕后，完成无线路由器的配置。

课后练习

（1）在 Internet 上搜索关于你所学的专业的网页，保存网页并发送给任课老师。

（2）在 Internet 上搜索并下载腾讯会议软件。

（3）设置宿舍的无线路由器。

项目八

认知新一代信息技术

【学习目标】

• 了解物联网、云计算、大数据、人工智能、区块链等新一代信息技术的基本概念、特征和关键技术。

• 熟悉新一代信息技术之间的联系。

• 掌握各种新一代信息技术的典型应用。

任务一 认知物联网

●**任 务 描 述**

说一说你对智能穿戴的理解。

步骤一 定义物联网

物联网（Internet of Things，IoT），即"物物相连的互联网"。物联网的核心和基础仍然是互联网，它是在互联网基础上的延伸和扩展。

从网络结构上看，物联网就是通过 Internet 将众多信息传感设备与应用系统连接起来并在广域网范围内对物品身份进行识别的分布式系统。

1. 物联网的特征

（1）全面感知：利用射频识别技术（RFID）、传感器、二维码等随时随地获取物体的信息。

（2）可靠传递：通过无线网络与互联网的融合，将物体的信息实时准确地传递给用户。

（3）智能处理：利用云计算、数据挖掘以及模糊识别等人工智能技术，对海量的数据和信息进行分析和处理，对物体实施智能化的控制。

2. 物联网的层次结构

物联网由感知层、网络层、应用层构成。物联网的层次结构如图 8 - 1 所示。

感知层主要实现对物理世界的智能感知识别、信息采集处理和自动控制，并通过通信模块将物理实体连接到网络层和应用层。

网络层主要实现信息的传递、路由和控制，包括延伸网、接入网和核心网，网络层可依托公众电信网和互联网，也可以依托行业专用通信网络。

应用层包括应用基础设施/中间件和各种物联网应用，应用基础设施/中间件为物联网应用提供信息处理、计算等通用基础服务设施、能力及资源调用接口，以此为基础实现物联网在众多领域中的应用。

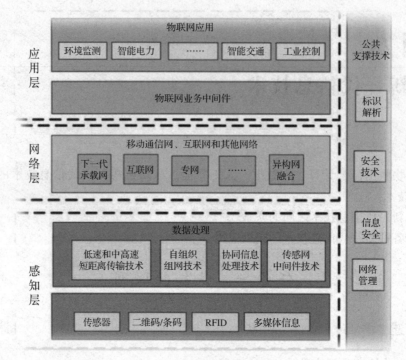

图 8 – 1　物联网的层次结构

3. 物联网的关键技术

感知层的关键技术包括 RFID、条形码技术、传感器技术、无线传感器网络技术、产品电子码（EPC）技术。网络层的关键技术包括 ZigBee 技术、WiFi 无线网络技术、蓝牙技术、GPS 技术。应用层的关键技术包括云计算技术、软件和算法、信息和隐私安全技术、标识和解析技术。

步骤二　应用物联网

1. 智慧物流

智慧物流是指以物联网、大数据、人工智能等信息技术为支撑，在物流运输、仓储、配送等各个环节实现系统感知、全面分析及处理等功能。通过物联网技术实现对货物以及运输车辆的监测，提高运输效率，提升整个物流行业的智能化水平。

2. 智慧交通

智慧交通是指利用信息技术将人、车和路紧密结合起来，改善交通运输环境、保障交通安全以及提高资源利用率。物联网技术在智慧交通方面的具体应用包括智能公交车、共享单车、车联网、充电桩监测、智能红绿灯以及智慧停车等。

3. 智能安防

安防是物联网的一大应用市场，因为安全永远都是人们的基本需求。传统安防对人员的依赖较大，智能安防能够通过智能设备实现智能判断。目前智能安防最核心的部分是智能安防系统。

4. 智能家居

智能家居是指使用智能方法和设备，改善人们的生活水平，使家庭变得更舒适、安全和高效。物联网应用于智能家居领域，能够对家居类产品的位置、状态、变化进行监测，分析其变化特征，根据需求进行反馈。智能家居行业发展分为 3 个阶段：单品连接、物物联动和平台集成。当前，智能家居处于从单品向连接向物物联动过渡的阶段。

5. 智能医疗

智能医疗是指通过打造健康档案区域医疗信息平台，利用最先进的物联网技术，实现患者与医务人员、医疗机构、医疗设备之间的互动，逐步达到信息化。

6. 智能建筑

智能建筑是集现代科学技术之大成的产物。其技术基础主要由现代建筑技术、现代计算机技术、现代通信技术和现代控制技术所组成。智能建筑主要面向办公楼、商业综合楼、文化、媒体、学校、体育场馆、医院、交通、工业建筑、住宅小区等新建、扩建或改建工程，通过对建筑物智能化功能的配备，实现高效、安全、节能、舒适、环保和可持续发展的目标。

7. 智能制造

智能制造是一种由智能机器和人类专家共同组成的人机一体化智能系统，它在制造过程中能进行智能活动，如分析、推理、判断、构思和决策等。智能制造通过人与智能机器的合作共事，去扩大、延伸和部分取代人类专家在制造过程中的脑力劳动。智能制造对制造自动化的概念进行更新，扩展到柔性化、智能化和高度集成化。

> 实践：查询智能医疗的相关资料，写一篇 1 000 字以内的关于智能医疗应用的文章。

任务二　认知大数据

● 任务描述

说一说你所知道的大数据的应用。

步骤一　定义大数据

大数据（Big Data）是指无法在一定时间范围内用常规工具进行捕捉、管理和处理的数据集合，是需要新处理模式才能具有更强的决策能力、洞察发现能力和流程优化能力的海量、高增长率和多样化的信息资产。

1. 大数据的特点

大数据具有"5V"特点，即大量（Volume）、高速（Velocity）、多样（Variety）、低价值密度（Value）和真实性（Veracity）。

2. 大数据的流程

大数据技术主要包括数据采集与预处理、数据存储和管理、数据处理与分析、数据安全和隐私保护等几个层面的内容。

大数据技术是许多技术的集合，主要包括关系数据库、数据仓库、数据采集、ETL、OLAP、数据挖掘、数据隐私和安全、数据可视化等技术。

3. 大数据的数据处理思维和方法特点

（1）不是抽样统计，而是面向全体样本；

（2）允许不精确和混杂性；

（3）不是因果关系，而是相互关系。

步骤二　应用大数据

1. 制造业

利用工业大数据可提升制造业水平，包括进行产品故障诊断与预测、分析工艺流程、改进生产工艺、优化生产过程能耗、进行工业供应链分析与优化。

2. 金融业

大数据在高频交易、社交情绪分析和信贷风险分析三大金融创新领域发挥了重大作用。

3. 汽车行业

利用大数据和物联网技术的无人驾驶汽车，在不远的未来将走进人们的日常生活。

任务三　认知人工智能

●任务描述

人工智能正在逐渐进入人们的日常生活。你可能接听过由人工智能客服拨打的电话，或者你拨打的客服电话是由人工智能接听的，说一说你的接听感受。

你还在哪些场景中接触过人工智能？

步骤一　定义人工智能

人工智能（Artificial Intelligence，AI）是研究、开发用于模拟、延伸和扩展人的智能的理论、方法、技术及应用系统的一门新的技术科学。

人工智能研究怎样让计算机做一些通常认为需要智能才能做的事情，又称为机器智能，主要包括智能机器所执行的通常与人类智能有关的智能，如判断、推理、证明、识别、感知、理解、设计、思考、规划、学习和问题求解等活动。

人工智能技术所取得的成就在很大程度上得益于目前机器学习理论和技术的进步。

1. 机器学习

机器学习是让机器能像人一样具有学习能力。机器学习是计算机科学和统计学的交叉，也是人工智能和数据科学的核心。让机器做一些大规模的数据识别、分拣、规律总结等人类做起来比较花费时间的事情，是机器学习的本质目的。

2. 深度学习

深度学习（Deep Learning）是机器学习中一种基于对数据进行表征学习的方法，是一种能够模拟人脑的神经结构的机器学习方法。深度学习能让计算机具有人一样的智慧，其发展前景必定是无限的。

深度学习的重要分支——神经网络，或称人工神经网络（Artificial Neural Network，ANN），是一种模拟人脑的神经网络，以期能够实现类人工智能的机器学习技术。卷积神经网络（Convolutional Neural Networks，CNN）是一类包含卷积计算且具有深度结构的前馈神经网络，是深度学习的代表算法之一。卷积神经网络普遍用于图像特征提取，一些图像分类、目标检测、文字识别几乎都使用卷积神经网络作为图像的特征提取方式。

3. 计算机视觉

计算机视觉是使用计算机及相关设备对生物视觉的一种模拟。它的主要任务是通过对采集的图片或视频进行处理以获得相应场景的三维信息，用计算机实现人的视觉功能——对客观世界的三维场景的感知、识别和理解。计算机视觉技术的研究目标是使计算机具有通过二维图像认知三维环境信息的能力。

步骤二 应用人工智能

1. 教育培训

人工智能在教育培训中的应用包括自动批改作业、拍照搜题、在线答疑、语音识别测评、个性化学习等。

2. 新零售

通过分析用户的使用习惯，推送音乐、新闻等信息；淘宝、京东、亚马逊这些网站能够凭此预见客户需求，推荐让客户心动的商品。

3. 语音识别

聊天机器人被视为人工智能最强大的应用之一。支持人工智能的客服或聊天机器人可以回答诸如订单状态之类的简单问题，帮助公司和客户节省时间。

4. 卫生医疗

人工智能在卫生医疗领域中的应用包括虚拟助理、医学影像、药物挖掘、营养学、生物技术、急救室/医院管理、健康管理、精神健康、可穿戴设备、风险管理和病理学等。

5. 安全防护

在监控摄像头系统中引入人工智能技术，利用人工智能判断画面中是否出现异常人员，如果发现可及时通知安保人员。越来越多的车站、景区、商场等场所都开始利用人工智能技术进行安全监控，为群众的安全保驾护航。

6. 机器翻译

机器翻译利用计算机将一种自然语言转换为另一种自然语言，能够更便捷地实现语言的沟通。2011 年，百度翻译上线，目前翻译准确率在 90% 以上，日均翻译量超过千亿字符，服务 50 多万企事业单位和个人开发者，实现了机器翻译技术和产业的跨越式发展。

7. 自动驾驶

2012 年，谷歌无人驾驶汽车获得牌照上路，总驾驶里程已经超过了 48.3 万千米，并且事故发生率几乎为零。2007 年，德国汉堡 IBEO 公司开发了无人驾驶汽车，它能识别各种交通标识，在遵守交通规则的前提下安全行驶。2021 年 12 月，德国联邦汽车运输管理局（KBA）批准奔驰的 L3 级自动驾驶系统。

20 世纪 80 年代，我国开始着手自动驾驶系统的研制开发，国防科技大学和中国一汽联合研发的红旗无人驾驶轿车高速公路试验成功。同济大学汽车学院建立了无人驾驶车研究平台，实现了环境感知、全局路径规划、局部路径规划及底盘控制等功能的集成，从而使自动驾驶汽车具备自主"思考—行动"的能力，使无人驾驶汽车能融入交通流、避障、自适应巡航、紧急停车（行人横穿马路等工况下）、车道保持等无人驾驶功能。

任务四　认知区块链

● **任务描述**

比特币一度很火爆，查询资料，说一说比特币与区块链的联系。

步骤一　定义区块链

区块链技术起源于比特币，其本质是创建一个去中心化的货币系统。区块链是一个分布式账本，一种通过去中心化、去信任的方式集体维护一个可靠数据库的技术方案。

从数据的角度来看，区块链是一种几乎不可能被更改的分布式数据库。这里的"分布式"不仅体现为数据的分布式存储，也体现为数据的分布式记录（即由系统参与者共同维护）。

从技术的角度来看，区块链并不是一种单一的技术，而是多种技术整合的结果。这些技术以新的结构组合在一起，形成了一种新的数据记录、存储和表达的方式。

1. 区块链的特征

（1）开放，共识。任何人都可以参与区块链网络，每一台设备都能作为一个节点，每个节点都允许获得一份完整的数据库拷贝。各节点基于一套共识机制，通过竞争计算共同维护整个区块链。

（2）去中心，去信任。区块链由众多节点共同组成一个端到端的网络，不存在中心化的设备和管理机构。节点之间数据交换通过数字签名技术进行验证，无须互相信任，只要按照系统既定的规则进行，各节点不能也无法欺骗其他节点。

（3）交易透明，双方匿名。区块链的运行规则是公开透明的，所有的数据信息也是公开的，因此每一笔交易都对所有节点可见。由于节点与节点之间是去信任的，因此节点之间无须公开身份，每个参与的节点都是匿名的。

（4）不可篡改，可追溯。单个甚至多个节点对数据库的修改无法影响其他节点的数据库，除非能控制整个网络中超过 51% 的节点同时修改，但这几乎不可能发生。区块链中的每一笔交易都通过密码学方法与相邻两个区块串联，因此可以追溯到任何一笔交易的"前世今生"。

2. 区块链的分类

（1）公有链。无官方组织及管理机构，无中心服务器，参与的节点按照系统规则自由接入网络，不受控制，各节点基于共识机制开展工作。

（2）私有链。建立在某个企业内部，系统的运作规则根据企业要求进行设定，修改甚至读取权限仅限于少数节点，同时仍保留区块链的真实性和部分去中心化的特性。

（3）联盟链。由若干机构联合发起，介于公有链和私有链之间，兼具部分去中心化的特性。

步骤二 应用区块链

目前，区块链应用已从金融领域向经济社会的各行业和领域加快渗透发展。从具体行业来看，区块链应用于经济、智慧城市，政务服务和互联互通等领域。从应用场景来分，目前区块链的应用主要是供应链管理、金融、交易验真、支付清算、溯源防伪、确权存证、电子验签、数据共享等。

1. 金融

区块链具备的数据可追溯、不可篡改、智能合约自动执行等技术特点，使其在金融领域有天然的结合能力，有助于缓解金融领域在信任、效率、成本控制、风险管理以及数据安全等方面的问题。区块链与金融行业的深度融合主要体现在链下资产的链上流通，即数字资产，它是金融市场的核心，也是数字经济未来发展的重要基础。

2. 物流

区块链可以优化物流流程，通过区块链与电子签名技术的结合，将单据和签收全程上链，通过智能合约实现自动对账，在物流追踪方面利用区块链的透明化、可追溯、不可篡改特性保证物流全流程的真实可靠。

3. 保险

区块链技术能够帮助保险行业构建基于线上的安全信任和智能赔付机制。传统保险行业存在信息不透明、理赔环节冗长、骗保、理赔争议等问题，区块链和智能合约在信息记录、信息交换、自动理赔等场景的优势与传统技术相比提升较大，能够使保险公司和投保人形成高效和互信的关系。

4. 医疗

区块链技术可以解决医疗信息的共享和隐私问题。目前在医疗行业，区块链的应用包括：医疗数据构架、个人健康电子记录、医疗护理分析、医疗工具及物联网安全、信息认证、供应链、药物及护理的运送电子化、咨询及医疗工具购买等。

5. 物联网

随着物联网的发展，万物互联即将成为可能，但是单靠物联网这一项技术难以实现这一愿景，而区块链的稳定性、安全性、可靠性将在一定程度上助力物联网，降低交易成本、加快交易速度，有效解决物联网应用中的诸多问题，推动物联网的发展，实现万物互联。

课后练习

（1）查询资料，说一说大数据与人工智能的关系。

（2）智能建筑、智能制造属于物联网的应用，但它们的名称中都有"智能"，请思考它们是否是人工智能的应用。

（3）试着区分区块链在金融行业中的应用与大数据在金融行业中的应用的不同。

参 考 文 献

[1] 刘云翔，王志敏. 信息技术基础与应用 ［M］. 北京：清华大学出版社，2020.

[2] 钱亮，方风波，董兵波. 信息技术基础实训与习题 ［M］. 北京：中国铁道出版社，2021.

[3] 陈婷，卜言彬，杨艳. 大学计算机基础 ［M］. 2 版. 北京：人民邮电出版社，2020.

[4] 刘卉，张研研. 大学计算机应用基础教程（Windows 10 + Office 2016）［M］. 北京：清华大学出版社，2020.

[5] 宋凯. 计算机应用基础 ［M］. 北京：人民邮电出版社，2020.

[6] 陆建波. 大学计算机应用 ［M］. 2 版. 北京：北京理工大学出版社，2021.

[7] 郭晔，张天宇，田西壮. 大学计算机基础 ［M］. 3 版. 北京：高等教育出版社，2020.

[8] 曾永和，左靖，樊华. 信息技术基础教程 ［M］. 北京：西安电子科技大学出版社，2021.

[9] 杨竹青，陆蔚. 信息技术基础任务式教程. ［M］. 南京：南京大学出版社. 2017.

[10] 教育部考试中心. 全国计算机等级考试一级教程——计算机基础及 MS Office 应用（2021 版）［M］. 北京：高等教育出版社，2021.

[11] 王晓燕，张桂霞，张华忠. 大学计算机 ［M］. 北京：北京理工大学出版社，2021.